韓食溝通術

公關達人羅潔用二十道經典韓國料理
教你洞悉職場人際溝通課

羅潔———著

效忠自己的專業

序 李紹唐

我與羅潔認識，是我在美商甲骨文（Oracle）擔任中國華東暨華西區董事總經理的時期，當時羅潔為美商甲骨文臺灣區公關經理。

還記得當時有一年的大中華區季度業務會議預定在臺灣舉行，慣例則是在上海或北京舉行，因此所有的董事總經理及業務團隊需要飛至臺北辦公室集合開會，過去我也曾擔任臺灣區總經理之職，因此從上海飛回臺北，頗有回家開會的感覺。

我個人一向有早起的習慣，多年以來也養成一大早到辦公室的習慣，美國知名政治家法蘭克林曾經說：「早睡早起可以使人常保健康、富有及充滿智慧。」對我而言，一日之計在於晨，所以要好好把握早晨思慮清晰的時光，不僅可閱讀大量行業及競爭對手資訊，還可以思考所遇到的複雜難解業務策略。

還記得當時那次大中華區業務會議，按照慣例八點半不到我就到了臺北辦公室，原本以為我會是最早到辦公室的人，卻沒想到看到羅潔已經在辦公室中，準備著每天的公司情資訊息，

準備發給業務團隊。於是我們互相打了聲招呼，並簡短討論了一下臺灣地區的公關及業務情形，彼此留下良好的印象。

自己擔任總經理多年，我始終認為，一個人必須效忠的，應該是自己的專業，而不是某家企業或某個老闆，因為這樣的關係很難永久不變。也就是說，每個人應該建立起的是「個人品牌」，別人信任的是你的專業表現和努力累積起來的聲譽。你的價值不會因為離開一個工作或一家公司，而有所改變。

因此當我看到作者在第五章提到「最佳推銷個人品牌的韓式炸雞」時，不禁莞爾並覺得深有同感。作者特別以林立於大街小巷的韓式炸雞美食為例，國民美食想在眾多品牌中脫穎而出，重要的是找出自己的產品定位及獨特的口味賣點，同樣的在塑造個人品牌時也需要全盤考量，找出適合自己個性及特色的定位，成為別人心目中那個獨一無二形象的連結。

印象深刻的其二是，作者在書中跳脫了一般單刀直入地說明個人品牌在職涯的重要性外，也利用韓式炸雞食譜製作步驟拆解的方式，強調個人品牌的應該是從年輕開始逐步建立起來的。例如隨時無死角的展現個人特質，把握住每個可以發揮最有價值的記憶點成為你獨有獨特銷售點 USP（Unique Selling Point），並且發揮到極致，讓高層、同僚或下屬在任何時刻想

到你時，皆可連結到你的 USP。

　　隨著時代的改變及數位時代的來臨，職人更應該思考個人品牌，要從更多元面向打造，包括平面、口碑、社群、社交、部落格、通訊軟體等形象，必須要和實體的你是一致性的。特別不能忽略網路上的品牌管理，像是網路上非常容易蒐尋到的領英（LinkedIn）、臉書（Meta）、IG 上的職人生活或人格特質，也必須是一致的。

　　在美商甲骨文的歲月，有一個非常好的機制，就是企業總部會針對管理階層安排「企業發言人」課程，面對瞬息萬變的傳播環境，如何因應新聞及社群媒體，考驗發言人的能力與判斷力，有了發言人訓練，可以幫助傳遞企業文化、維繫良好的品牌形象。

　　正是如此，我認為在職場上擁有抱負的職人，都該接受這樣的訓練，並該及早思考自身如何在職涯成長中，成功培養具有領導魅力（Charisma）的個人品牌。

　　本書作者能把韓食的製作過程與人際溝通，甚至和個人品牌的塑造做連結，相當少見，也是非常有趣的概念，非常適合未來想從事公關行業的職人、想瞭解個人品牌或在職場上有溝通困難的人閱讀。此外，書中所提這二十個具有代表性的案例，

雖不是名人，但就好像身處在我周遭優秀的外商朋友剪影，看似平凡，卻又有其獨特的見解，若能領悟其中奧妙，必定非常受用，誠摯推薦您細細品味。

（作者曾任美商甲骨文中國華東暨華西區董事總經理，現任二代大學校長）

和諧的人際關係一如美食

序 周玉山

　　初識羅潔時,她正值雙十年華,是我班上的學生,而且是最優秀的。或許是因為從高中起,她就離開舒適的家,半獨立的生活,所以在溫婉中流露堅毅,談及未來時自有想法,在同學中確屬罕見。

　　她在大四時,已任中視《九十分鐘》專題節目的採訪記者,成為我口中的「小大人」。後赴美深造,獲得兩個碩士學位,回國後擔任東森新聞的主播、主編、記者等工作,並在文化大學大眾傳播系兼課,成為羅老師了。

　　她總是求新求變,讓人驚豔。東森新聞三年有成,她轉任公共關係的主管,包括美商賽門鐵克、甲骨文等公司,躍為跨國公司的經理,展現卓越的溝通能力,已不全是當年初見的小女孩,讓我既熟悉又陌生,但她的敬師則始終如一。

　　我從政治大學提早退休後,來到世新大學,在新聞傳播學院教授溝通等課程,定義這三個名詞:一、新聞是媒體傳播的消息,二、傳播是意義表達的過程,三、溝通是意義分享的過程。

傳播和溝通共用一個英文單字「Communication」,但溝通特重分享,屬於小眾傳播,更要費心了。

羅潔本人則很難定義,既是溝通專家,又是整合行銷者,還是媒體培訓師。兩千五百年前的孔子沒有女弟子,所以只能説「君子不器」,也就是君子不像器皿,只有一種用途。她是「淑女不器」,用今天的話來説,就是斜槓青年,所以在職場上,總是受到歡迎。

她的婆婆是韓國人,二十年來,婆媳不但相處融洽,而且親如母女,這正是婚姻美滿的產物。她跟著婆婆做韓國菜,不但寫食譜,還寫了這本書。更難得的是,她將人際溝通的領悟,寫進韓國料理中,此舉前所未見,再度説明她很難定義,讀者的收穫則是雙重的。

她指出,和諧的人際關係一如美食,讓人通體舒暢。職場中的溝通要打開五感,也就是視覺、聽覺、嗅覺、味覺和觸覺,細心平衡五感,方能事半功倍。優秀的溝通者需如美食家一般,這樣的創見,連結了職場與廚房,值得傳播者一讀。

她的幾句話,讓我沉思良久:「品嘗一道料理,就如同品嘗人品一般,酸甜苦辣的滋味冷暖自知。」人品就是人的品格,相似詞是道德。

康德説：「臨我頭者為星空，律我心者為道德。」他以萬古長存的宇宙，和道德相提並論，可見後者的重要。我越年長，越感到「人品和學問」的可貴，學問有賴文字表達，文字值得大家努力經營，讓想法延續到下一代或更久遠，道德文章才不致失傳。

　　羅潔出書了，從此加入作家的行列，深具啟迪的意義。不過，作家的現代定義，似乎是正式出版兩本書以上。我期待數年之內，她再出版一本新觀念，讓各界同感驚喜。忝為人師的我，也當見賢思齊，以另一本新書和她交流想法，就像當年一樣。

（作者曾任考試委員，現任世新大學客座教授）

透過跨國料理技巧，闡述職場關係剖析

序 劉安立

　　電影《飲食男女》是享譽全球李安導演躍上國際的代表作，因為他透過了家人之間共桌用餐的情境，去演繹中國人家庭關係與文化的酸甜苦辣。

　　羅潔的這本書，則是透過跨國文化的料理技巧，去闡述從家庭到職場的人際關係剖析，以及增進美味關係的訣竅。讓我們看見，一個專業新聞、公關人，如何以深刻的觀察作為刀工，去精雕細琢出每則人性題材的通透樣貌。

　　在眷村長大的我，從小就非常喜歡吃飯時左鄰右舍及全家人聚在一起的感覺，記者職涯有機會到各家知名餐廳品味，從而學習做出讓家人喜愛的菜餚。其中我最喜歡也最擅長的，是江浙菜系裡的大蒜黃魚、川菜的螞蟻上樹及臺菜的滷豬腳。

　　江浙菜的四大特色：選料講究、烹飪獨到、注重本味、製作精細；與本書中提到對人性的領悟，也都對應得上，讓我更加佩服羅潔見微知著的細膩。就拿滷豬腳來說，醬油要選哪一家牌子、冰糖遠比砂糖優、部位要挑的是前腳、每個動作要抓

在最好的時機。

　　我女兒在國外讀書的時候，臺灣同學們經常私下聚會分享家鄉味，我就曾經越洋連線教我女兒做滷豬腳給大家吃。想起當時的畫面，對一個母親來說，美食是善意、是溫暖、是共同記憶的傳承意象：我把我認為最好的烹飪方法，不藏私的親手交給你！羅潔和我都在行銷公關界努力了數十年，憑藉著我們對工作的投入，以及希望給予其他人把工作做得更好的經驗談，也是一種身為前輩能提供的價值以及意念上的傳承。

　　希望你也會喜歡這本書，因為可以感受到一種品嘗媽媽菜的溫暖！

（作者現任彥星喬商總經理）

韓食料理和人際溝通的異曲同工之妙

序 羅文坤

我在文大任教超過四十多年，教授課程中以「創意原理」、「行銷原理」最令我滿意而得到樂趣。因為這兩門課我通常都會舉一些身邊的案例，來讓同學們很容易進入情境。在「創意原理」這門課的第一節開場破題時，我總會說一句我的經典名言：「煮一碗第一流的粥，比畫一幅次級的畫，更有創意！」

事實上的確如此，要想煮出第一流的粥，必須考慮的因素很多，從米、麥、小米、花生、五穀等主糧，到烹調的禽畜、海鮮、蔬菜等搭配食材，再到蔥、薑、蒜、芫荽、辣椒、胡椒、醬油、醋等提味調料，以及火候、溫度、下鍋順序、熬煮時間等控制細節，甚至起鍋後盛裝的粥碗、調羹的器皿，在在都不得稍有疏失偏差。

上桌後，也必須在優雅得當的用餐環境氛圍下，將「烹粥達人」在一碗粥裡布下的色、聲、香、味、觸、法等六種美味佳餚「訣竅」，去感動更滿足食客老饕們的眼、耳、鼻、舌、身、意等六道有形與無形的覺知感官。

羅潔是文化大學新聞系第 22 屆畢業的高材生，畢業後曾在傳播公關領域服務近三十年。其中包括在媒體界擔任主播、主編、記者、中華民國新聞評議會，並赴美深造，返臺後到知名外商企業擔任公關主管和文化大學講師，擅長職場與人際溝通。

　　羅潔一直以來，對於寫作及美食料理都非常感興趣，羅潔的婆婆是韓國人，過去曾是專業主廚，羅潔與她相處這許多年，發現韓食料理和人際溝通有許多異曲同工之妙，火候的掌控、時間的巧妙和溝通的層次掌控，都需適時把握，才能達成令人滿意，跨越文化隔閡的溝通結果。

　　羅潔的這本新書，希望透過案例分享，將人際關係、溝通心法與美食之間相互結合，這真是絕佳的完美創意。

　　「創意原理」有幾個準則，例如：「創意，就是既有要素的重新組合！」、「創意，要化相識為不識，化不識為相識。」羅潔這本書完全吻合了這些準則。

　　這本書共三大篇、二十章，每章結尾並附上獨一無二的韓國媳婦貼身食譜及溝通小提示，這種編排手法也是非常別緻實用的創意。這又是一個創意的展現，特別值得在此鄭重推薦！

（作者曾任文化大學廣告系創系人及系主任）

原來學問與道理，也可以藏在料理中

序 張立

我第一次出國的時候就是去韓國，那時首爾還叫漢城，跟著旅行團走著、吃著、住著，幾乎每一餐都有泡菜、都有烤肉。當時還在東大門附近嚐過石鍋拌飯，而後接觸到韓劇，看著劇中人吃著辣炒年糕或是紫菜飯捲。但當時的理解都僅止於味蕾，看了羅潔的這本書才忽然獲得啟發，原來學問與道理，也可以是藏在料理裡的。

作者在書中提到，傳統韓國泡菜必須加入一些切片的白蘿蔔以增加口感，讓泡菜可以擺放的更持久，且不容易變酸。作者用了一個「+1」有趣的譬喻來形容辣蘿蔔，既可以獨當一面成為一道讓人喜歡的小菜，又可以與其他蔬菜相得益彰。

羅潔從這個例子談到自己在外商公司擔任公關主管時的體會，她試著跳出各部門間的本位角色，一方面讓部門主管有更多話語權，也讓更高層主管看到各部門的努力，都是因為公關角色「+1」而來，成為一個雙贏的結果。

身為一個韓國米其林級專業主廚的媳婦，羅潔無疑是幸福

的，她可以盡情享受許多人嘗不到的美食，但她顯然不以此為滿足，她跟在婆婆身邊學著作菜，做個稱職的小幫手，在分工合作的過程中，婆媳建立起良好的關係；另一方面，又因作者自己的專業，在韓食繁複的料理工法裡，體會到了人際溝通的重要。

記得還在大學讀書時，我與羅潔同在一間教室裡聽著教授講解傳播理論，當時理解到傳播是一連串「編碼」與「解碼」的過程。而在這個新舊傳統文化衝擊與傳播方式改變的時代，作者更體認到各世代間因為價值觀差異，溝通方式變得更為重要。

這本書沒有艱澀難懂的理論，卻能經由通透好讀的故事，談出如何化解人際溝通的「坎」，這應該是作者從事公關工作近三十年的心血累積。更難能可貴的是，羅潔都會在每一章的結尾，貼心不藏私地列出一道菜的食譜，讓讀者可以在心靈獲得滿足的同時，試著自己動手作一道滿足味蕾的美食，打開視覺、聽覺、嗅覺、味覺和觸覺的「五感」，在酸、甜、苦、辣、鹹中求取「五味」的平衡，能夠先睹為快這本書，於我個人，有著滿滿的收穫。

（作者現任聯合新聞網總編輯）

讓自信與能力被看到

序 陳東豪

　　這是一件奇妙的事，當我讀著羅潔的文字，口中的味蕾居然浮現韓國泡菜的味道，緊接而來是在人生職場翻滾多年後的心有戚戚。腦袋裡想著羅潔講的這些故事，想著當年如果不要那樣，現在的自己會不會變得更好？

　　羅潔是我的大學同學，也是我們班大一的班代表。新生之間總是陌生，被推薦當班代表，有些人會害羞，有些人會覺得麻煩，有些人會表現得無所謂，嬌小的羅潔則是欣然接受，展現如同黃豆芽般的自信。

　　這其實是態度，當機會或考驗來敲門的時候，大大方方接受，讓自己的自信與能力被看到，讓自己多一次經驗，再檢視自己優缺點。但臺灣許多人並不習慣表現自己，或是不知道如何表現自己，這在人生職場其實是非常重要的關鍵，態度會決定你的機會。

　　但決定一個人能走多遠？你的天地有多大？就不是完全靠

自己。在社會上打滾了這麼多年，我看過許多有能力的人，卻因為個性而卡在某一個階段；看過許多人後來只熱衷向上管理，而遭致同儕排斥無法成事。最後怪老闆識人不明、怪同事小動作、卡東卡西，卻從未反思可能是自己待人處事的方式阻礙了自己，所以他最終不能站上金字塔頂端。

在初入職場時，你需要的是被看到；在職場若干年後，你需要的就不只是被看到或向上管理，而是需要像辣蘿蔔發揮「+1」的價值，創造雙贏，也豐富自己的人脈存摺。

如果你有一些社會經驗，看羅潔這二十個領悟，我相信你會得到許多。如果你熱愛美食，你更會得到更多，因為羅潔的婆婆全媽媽，可是當年韓國駐臺大使館的主廚，羅潔的二十個職場領悟與全媽媽二十道韓式料理祕訣，這是多麼物超所值。

（作者現為資深媒體人）

二十道公關經驗大菜，值得細細品味

序 王翔郁

「溝通」是現代人必備的軟實力，「公關能力」則是職人成功的重要關鍵。

本書作者羅潔擁有近三十年的傳播業界經驗，她大學時就讀新聞系，後赴美國到世界新聞教育歷史最為悠久且極富盛名的密蘇里新聞學院（Missouri School of Journalism, University of Missouri-Columbia）取得碩士學位。多年來，她將學術所學，充分實踐在國內、外公關與媒體場域，其學、經歷俱優，是業界的模範，更是傳播與行銷專業莘莘學子的學習對象。

近年來，媒體產業產生結構性變化，傳統媒體廣告大量萎縮，收入大量轉移至國外網路廣告平臺，即使如此，臺灣人的創意與公關能力，仍有不可取代的深厚基礎。

作者歷經媒體最多元發展的世代，她從媒體基層做起，見證臺灣開放有線電視的多元蓬勃發展時期，歷經自媒體快速發展並衝擊到傳統媒體產業的現代。職涯發展中更深刻體認到新舊世代文化的衝擊，今將跨世代經驗出書分享，冀望本書能將

自身經驗作為承先啟後的橋梁，以豐富現代年輕人的公關能力。

本書作者以自身環境中，婆婆拿手的韓式料理做連結，推出二十道公關經驗大菜，組合成一套兼具色、香、味俱全，並極具營養價值的宴席，值得您細細品味。

說到韓國料理，我個人聚餐時最喜歡有儀式感的韓國烤肉，以及勇於表現自我的辣炒年糕，配上遇熱不亂的海鮮煎餅；而平日則是喜歡以各顯神通的部隊鍋以及韓式小菜以解決吃的問題，那您呢？

本書可以做為公關從業人員的借鏡，而欲以公關為志業的莘莘學子，則是必讀的書籍，本人誠摯推薦。

（作者現任中國文化大學大眾傳播學系教授兼系主任）

自序
美食是人際溝通上的最佳潤滑劑

　　我總覺得在三百六十行中，能夠從事與傳播、媒體及公關相關的工作長達近三十年的經歷，真是非常幸運的一件事，因為在這個領域當中所接觸到的，都是業界各具所長的頂尖人物。

　　仔細品味起來，這些高手能在職場武林中各顯身手，各個皆有其讓人甘拜下風的獨門招式與見解，更有許多值得讓年輕職人們學習及借鏡的地方。若有心上進心者，推敲個幾招，必能領悟其中奧妙，若巧妙運用在職場中，自我功力必能提升到更高層級，成為人中龍鳳。

　　在職涯中，也正是因為有幸能在跨國企業中擔任公關主管職務，才能有機會跨越部門，穿梭於各組織間，與來自世界各國的精英交換意見，洞察職場中難得見到的風景，蒐集到讓人印象深刻的人物側寫，聽到難能可貴的職場故事。

　　面對職場上的過招，以及與優秀獨特人物交流時所激發出許多的溝通挑戰，一直以來我都想把它們寫成一本書，希望能給放眼國際的年輕職人們一些啟發，或給有志將傳播、公關人

當成未來職業的職人一些借鏡。

這些與我互動過的精英中，有一項很有趣的共同點，那就是大家都熱愛美食，也因為往往在美食分享的歡樂氛圍影響下，推波助瀾的意見交流中，充滿著五感平衡的觀感，而讓文化隔閡不再存在，溝通更加順暢，我想這也正是美食無國界的道理，美食成為人際溝通上的最佳潤滑劑。

在職涯中難免會遇到挫折與艱難，對我來說，最能夠紓壓的方式，便是待在韓國籍的婆婆身旁學做韓國料理，暫時跳開卡關的障礙。當一道道美食端上桌時，反而海闊天空，許多創意的想法因而誕生，在職場上迎刃而解。

一直以來，我對於寫作及美食料理都相當感興趣，婆婆是韓國人，過去是專業主廚，在與她的相處之中，發現韓食料理和人際溝通有著許多異曲同工之妙，火候的掌控、時間的巧妙和溝通的層次掌控都需適時把握，才能達成令人滿意、跨越文化隔閡的溝通結果。

再者，本書希望年輕人考量到和諧人際溝通有如美食般讓人舒暢，美食的連結，正如職場中人際溝通需要打開五感，也就是視覺感、聽覺感、嗅覺感、味覺感和觸覺感，細心做到五感平衡，溝通才能事半功倍。有如生活中製作美食時需兼具五味—

酸、甜、苦、辣、鹹中求取平衡的口感，才能創造獨特的美味。

優秀溝通者需如美食家一般，若能將每個人的需求看成是五味的一味，想要創造出美味，必需要調和出一個柔和的味道；也就是溝通成功必須讓每個人都能處在一個舒服的位置，才能創造雙贏或多贏的局面。

本書共分三大篇，第一篇〈美食的連結─廣結善緣〉共七章，探討職場上看似簡單卻往往被忽略的溝通關鍵，例如：如何在展開溝通前，先用微笑打招呼的方式，讓尚未溝通前卻已贏了一半的利基；在溝通過程中如何堅持下去，毫不退讓才能旗開得勝，像極了幾經熱火淬鍊過的辣炒小魚乾；還是即使在高位權重，仍懂放下身段、事必躬親的女性高級主管，能在跨國公司取得決策者的信任，擁有一片天，像極了韓國冬粉的製作過程。

或在危機出現前洞察先機，避免危機產生，處理危機時需要掌握先機、打鐵趁熱像極了韓國紫菜飯捲，必須趁熱包料捲飯，才能將食材完全融合；個人品牌應向韓式炸雞學習，找到個人獨特銷售特點；或是欣賞一下主廚華麗的擺盤，有如個人品牌中建立自己獨特的個人識別系統，找出與眾不同的穿衣哲學等等。

第二篇〈展現自我，創造自我價值〉共八章，則是更進一

步分析該如何在職場上擅用溝通力，無往不利，如何掌握溝通技巧，成功向上、橫向、向下管理，作者觀察許多年輕職人縱使擁有名校頭銜，專業技能也不差，但往往因為溝通不良而遭遇挫折，斷送升職加薪的機會，實在可惜。

這些內容可讓年輕職人反求諸己，從日常中鍛鍊溝通能力做起，例如：如何從生活周遭中學習並展現自我價值；如何運用「+1」策略，和辣蘿蔔泡菜一般，既有自己的獨特價值，又能和大白菜泡菜融合不違和，激發不同綜效的美味；另外也須兼顧在溝通時產生的心理衝擊，強化自我對話的能力；不要小看聲音的影響力，找出屬於自己的聲音品牌，如同清澈的水泡菜；把自己當成韓星練習生來經營，趁早了解自己的強項與弱點，韓國藝人為維持窈窕有形而受到歡迎的涼拌橡子涼粉，正是維持體態形象的最佳美食；學習黃豆芽展現自信姿態，良好溝通者應隨時保持的開放式肢體語言等等。

第三篇〈長期融合，不斷的溝通〉共五章，作者觀察到年輕職人的弱項，也就是當有機會面臨到跨部門溝通時，往往不知所措，例如：遇到其他部門對口單位的虛與委蛇，或專案推行不順，該如何破除穀倉效益，該如何成功完成任務，達到部門雙贏的目的，似乎像極了韓國泡菜鍋找到酸、辣融合的完美

比例而形成美味料理。

　　經營弱連結沒有年齡上的差別，保持強烈的好奇心為其第一步，突破同溫層、擺脫金錢考量、培養良好的時間管理，才能建立自己的資訊網；人際關係經營到一段時間，也需要斷捨離的梳理，有若對於不喜歡小黃瓜泡菜特殊口感的人，也不必勉強成為同好；最後隨著網路、社群、社交媒體的發達，在我們擁抱全民皆媒體新時代的來臨，更該及早自我定位，誠實面對自己，調整自我並發現競爭優勢，建立個人品牌，職涯才能長長久久，並在其中找到樂趣。

　　本書的每章結尾，特別附上了獨一無二的韓國媳婦貼身食譜及溝通小提示。這個設計有如錦囊一般，當職人們在工作苦悶或是撞牆時，不妨把小提示拿出來思量一下，或是照著韓國媳婦的貼身食譜，一步一步跟著做，必能在轉換心情時達到紓壓的效果。

目一次

💬 Part1 美食的連結——廣結善緣

製作韓國泡菜是體悟人際溝通最好的方式

　　我的婆婆是韓國人，大家稱呼他為全媽媽，過去是專業主廚，曾任職於韓國大使館餐廳主廚，擅長各式韓國泡菜、小菜及韓國傳統料理，廚藝可比美米其林等級。

　　過往她曾做出幾百幾千人的韓國料理，既快速又美味，完全難不倒她。因此，我最喜歡膩在她身旁，看著她專心地準備各式韓國料理，非常樂意當她的廚房小幫手，幫著她準備各式菜餚，藉機與她聊天溝通，並且深入了解韓國文化。

　　在製作韓國料理的同時，除了學習著如何當個稱職的韓國媳婦外，從工法繁複的製作過程中，也體悟了人際溝通的重要性，以及如何掌控溝通的技巧。久而久之發現，做料理時和溝通時竟有異曲同工之妙，火候的掌控、時間的巧妙和溝通的層次掌控，都需要適時發揮，才能優化成為讓人滿意的結果。

　　韓國料理和其他各國料理一樣，想要煮出一道完美的佳餚，最重要的一項工作就是前置期準備菜色的基礎工夫，包含洗菜、切菜、醬汁佐料的調配、小菜、火候掌控、起鍋時間……等等

都要搭配完美，才能做出一道道美味、星級等級的韓式料理。

　　婆婆從小就在南韓江原道附近的傳統家庭長大，人口眾多，兄弟姐妹共五人，身為家中的么女，從小必須跟著母親學習料理，而做出可口的韓國泡菜，是小女孩最基本的工作，因此婆婆每次都笑說，做了一輩子的泡菜。

　　韓國的家中，每餐必有的配菜就是韓國泡菜，這也難怪為何韓國人要將韓國泡菜爭取成為世界遺產的代表之一，因為泡菜就是他們生活及文化不可或缺的一部分。

　　婆婆從小就展現廚藝天分，陸續開過餐廳及擔任主廚，許多韓國親戚閒話家常時，都會說在所有親戚中公認婆婆的廚藝最好，也因此，會固定向我們訂購婆婆做的泡菜及韓國小菜。

　　製作韓國泡菜是體悟人際溝通最好的方式，因為傳統的韓國家庭通常是動員全家人，婆媳、姑嫂、子女，男生負責採購等等。當開始製作泡菜的第一步，也就是清理大白菜時，所有人便會坐在大客廳中（有些是大庭院中），一邊聊天、一邊動手摘剪大白菜，去蕪存菁留下又白又嫩的大白菜切片葉。

　　這是一個繁瑣心細的工作，通常要花上個好幾個小時，也就很自然地，大家就會藉由聊天來紓解手做的安靜時刻，分享家中的大小事務。這也是家族成員溝通的最佳時刻，平時若有

什麼誤會，都可以在這個時候互相溝通，講開來後自然可以增進彼此的感情。

　　自己從事的工作一直都和人際溝通有關，從事新聞、傳播、公關、行銷等相關工作，也有近三十年的經驗。韓國泡菜的製作，就有如每一次的人際溝通，每個對象與溝通過程，都是需要很多的層次，如同處理泡菜的過程，從大白菜的篩選，再到撒鹽、靜置、去鹽、脫水。

　　溝通是一個細緻繁瑣的過程，如何把握各種機會與人相處，做到真心關懷每個人，並適時提供協助，創造更多連結人際關係的機會，發揮更多耐心及想像力，設身處地的為他人著想，同理心的思考，才能順利解決人際間的糾結，達到真正溝通的目的。品嘗一道料理，就如同品嘗人品一般，酸甜苦辣的滋味冷暖自知。

　　2020 及 2021 年，因為新冠肺炎的影響，許多國家及企業都採取了不同的因應方式，特別是在家工作的時間變長，也使得許多員工在家烹飪的次數相對變多。有些外商朋友告訴我，連開視訊會議時，都不免商討一下大家的廚藝，許多職人也利用在家工作的機會，研發了許多創新甜點。烹飪原本就可以達到紓壓的功效，在疫情的影響下，看到更多以料理為主題成為

溝通話題，成為另一項樂趣。

　　我一直很喜歡韓國料理，雖然韓食源自於中原文化，卻又衍生出帶有著陰陽五行的入菜方式，將「鹹、甜、酸、苦、辣」五味和「紅、綠、白、黑、黃」五色融入菜餚。

　　此外，多樣繽紛的色彩和相當豐富的配菜，並重視擺盤的協調，食具也因文化的演變而有其獨特的餐具，在餐桌上可以看到似乎融入各方文化的精髓，卻又不違和其韓國的文化特色，更加呼應在人際溝通的過程當中，除了要展現自己的立場外，更需要尊重每個人的特色與優點。如此一來，才能激盪出不同的火花與風味，每個人才能更加認清自己溝通的位置，在溝通中達到無往不利的目的。

Part1

美食的連結──廣結善緣

第一章

開啟味蕾及人際溝通的辣味韓國泡菜

　　記得在大學新聞系念書時，有幸成為一代報人歐陽醇老師的學生，老師諄諄教誨受益良多，而其中一直記憶到現在的，就是老師經常提到，從事任何行業一定要廣結善緣，這也是我從大學畢業、國外留學甚或是在職場打拚近三十年來，在江湖行走奉為重中之重的圭臬！

　　我的好友 AB 小姐就是運用得當的最佳範例。我與 AB 小姐認識相當久了，而她目前已經是外商公司業務大姊大，更是年薪五百萬元臺幣起跳的超級業務主管，活躍於兩岸三地，許多耳熟能詳的大品牌都是她的客戶。只要她有空回臺灣，我總是要想盡辦法和她吃一頓飯，或是至少喝杯咖啡，聆聽她那精彩豐富的職場生活，以及動人的感情故事。

　　「叮！叮！Hi 美女！（我們互稱美女）」這時手機突然傳來美女 AB 的 LINE 訊息：「好久不見，何時有空？下個星期剛好有業務會議在臺灣舉行，將會回到臺灣，只能待一個星期。發生了好多事，有好多話想和你說耶！幫我約幾位老朋友大家聊聊吃飯？」

　　我則回：「當然好！很想念你！我來訂餐廳，期待見面！」說完我就趕緊約了幾位好姐妹，想到下個星期大家要聚會，這位美女的羅曼史更是大家關心的話題，不禁非常開心！

　　話說 AB 可説是行動效率派的美女，總是將工作規畫效率擺第一，尚未回到臺灣，已經開始安排滿滿回臺灣時的行程，除了回家拜訪雙親、一定要做的美容及美髮的安排、健身房的安排（美女堅持每天要運動）外，有時還會因為安排馬拉松路跑活動回臺。

　　AB 只要一有空，一定會參加在世界各地有名的馬拉松賽事，在她的臉書上，可以看到包含美國、西班牙、澳洲、上海、日本等地，參與各國馬拉松的精彩照片，美麗的笑容加上穠纖合度健美的身材，相當的賞心悦目、讓人羨慕。還沒有見到她，就已經開啟了迫不及待想與她見面的模式，好想知道她有接觸了什麼人，在什麼地方、發生什麼有趣的故事呢！

　　約好了 AB 小姐及另外三位共同的朋友，四位好友見面，真讓人雀躍。當 AB 進來的剎那，就有如夏天的栩栩陽光，驕陽炎熱幾乎要融化我們，AB 依然掛著我記憶中的甜美笑容，穿著顯現女性幹練線條的褲裝打扮，看起來肌肉線條似乎更加的緊實彈性，還沒坐下來，已經和我們熱情擁抱地打起招呼來了。

　　AB 是個非常獨立的女性，從小是個小留學生，高中時期就隻身前往美國求學。在充滿霸凌氣氛的美國高中，求生存可説是不容易，但這些並沒有打倒她，不但積極參與校園活動，勇

敢地打入美國青少年的生活。畢業後也沒有沾染美國 ABC 族群的傲氣，反而培養出爽朗開放的個性，非常喜歡交朋友，走的是國際化路線，非常受到歐美朋友的喜愛。

在臉書上經常曬出她與來自東、西方朋友的照片，或是馬拉松的慶功照，或是出遊或國際會議照，各種特色、族群的朋友之多不勝枚舉，當然歷任男友也不限於亞洲人，應該是世界級通殺的甜心殺手！

 羅潔小叮嚀

運用微笑打招呼，在溝通上已經贏了一半；把握任何機會展現個人特質，勇敢展現熱情，創造友誼的連結，因友誼產生的好感度，有利於溝通的順暢度。

因為語言上的優勢，AB 大學畢業後，在美國工作一段時間後才回到臺灣任職，剛開始是在外商做事務性工作。AB 是個非常聰明且懂得掌握人際關係的女孩，當時我與她在同一家外商公司任職，我擔任公關經理的職務，而她則是擔任某個部門的祕書工作職務。

記得她只要一進公司，不管認不認識，見到任何人就會熱

情打招呼並展開笑容，我原本想，難道每個同事她都認識？畢竟我比她更早進入公司，也不敢說每個同事都認識，但是她來不到一個月，幾乎所有同事都認識 AB 了，並且常在茶水間說話時，不自覺就會聊到她，可謂氣場之強大，讓人印象深刻！

　　一次機會中我問 AB，她剛進公司不久，公司同事都認識了嗎？她告訴我，她已經記住了每個人的名字及面孔，完全靠她運用微笑打招呼的方式，之後若有任何需要公司內部溝通的時候，就可以很快速找到對的人。我笑著對她說：「還好你對公關沒興趣，不然我可能沒有飯碗了，哈哈！」微笑是開啟友誼最好的方式，在她的身上展露無疑。

　　除了微笑以外，我發現 AB 很快地就和大家打成一片，並攻占大家的心房，許多同事會不自覺的提到她。她會利用工作之餘和所有人進行連結，由於她本身就是一個運動咖，舉凡向上管理，和管理階層打高爾夫球，或是和同事間的吃飯、喝咖啡，甚至也會和工讀生聊上幾句，也因此，當公司出現合作夥伴、行銷工作的相關職缺時，她能快速地爭取到這個職務。

　　接著我看到她利用非常多的時間參與公司內及公司外部的課程，從心靈的成長、行銷業務或大學在職的課程等範疇的專業課程，甚至是戶外運動也樣樣不少，可以看出她充沛的體力

及旺盛的企圖心。

　　三不五時也可以看到 AB 利用時間，向許多業務副總或總經理級的高階主管請益，甚至約他們一起午餐交換心得。心想或許 AB 很快就會走上業務銷售這條路時，沒想到她悄悄告訴我：「已經利用了時間與公司在上海的主管面試過，即將要展開她第一個業務工作了！」而這個工作也是臺灣的業務副總推薦她去應徵的，她積極所培養的人脈，看來似乎已經開花結果。

 羅潔小叮嚀

真誠的溝通才能友誼長存，即便是在高度競爭的環境下，仍然可以把握機會，建立正向的人際關係。

　　跨國企業內人脈的經營，看似簡單卻又複雜，因為許多外商部門所採取的是利潤中心制度，因此各部門彼此之間，其實是存在著既競爭又合作的關係，因此在公司內的人脈經營，必須是強 / 弱連結並進，更需要適時的察言觀色。若是所學與想走的職涯方向不同，更是需要策略性的經營人脈，雖說是策略性的經營，但是在經營及人際關係的拓展過程中，「真誠」才是能打動人心的重要基礎。

　　韓國泡菜能做到好吃且打動人心的關鍵，就是挑選品質優良的大白菜！婆婆常説：「挑選大白菜才是泡菜製作成功與美味的關鍵，也唯有細緻的撒鹽及過夜不間斷地呵護這些大白菜，三不五時需要翻滾一下大白菜切片，讓鹽的味道平均，隔天才能做出讓人驚豔的泡菜。」

　　過往我自己嘗試做泡菜時，也有看似漂亮的大白菜，在經過灑鹽及脱水後，因為大白菜品質不夠好，無法製作出好吃合格的韓國泡菜，而丟棄整桶大白菜切片的例子，因為挑選的大白菜若不佳，使用再好的配料也不能製作出可口的泡菜。這就如同人際關係間的交往，若所抱持的若非真心誠意，就算詞彙或語言再如何的華麗，策略再怎麼高明，對方也會在一段時間後察覺，並且導致溝通失敗。

　　人是敏感又脆弱的動物，唯有像大白菜保持著皎白純真的心態，雖説職場是個競爭的環境，但當對方察覺是真心的交往時，仍然可獲得許多真摯的友誼，在溝通上自然也就可以得心應手。

韓國媳婦的貼身食譜：韓國泡菜

一、食材：

1. 韓國大白菜 2 顆共約 5 公斤重，每顆 2-3 公斤（進口韓國的大白菜口感才好）

2. 水果配料：蘋果 2-3 顆、水梨 1 顆、栗子 100 克、白蘿蔔片 100 克、青蔥 1 小把約 30 克

3. 醃料：韓國辣椒粉 150 克、魚露 100 克、蒜末 100 克、薑 30 克、蝦醬 100 克

4. 鹽 300 克、糯米粉 100 克

二、作法：

1. 大白菜切片、白蘿蔔切片、蘋果切片、水梨切片、栗子切片、青蔥切斜條備料。

2. 大白菜切片撒鹽、靜置一夜，大白菜在軟掉入味後，用開水把鹽給沖洗乾淨（沖洗 2 次到乾淨）。

3. 將瀝水後的大白菜切片與水果配料、醃料混合。

4. 糯米粉加入開水 100CC，煮開後放涼成為糯米糊，抹上混合後的大白菜切片。

5. 裝盒放 2 至 3 天入味，即可食用。

溝通小提示

韓國泡菜能做到打動人心的好吃關鍵,就是挑選品質優良的大白菜,剖開大白菜的那一剎那,是否好心一目瞭然;職場上亦然,與人交往是否真心誠意,真誠的溝通才能友誼長存。即便是在高度競爭的環境下,仍然可以把握機會,建立正向的人際關係。

第二章

堅持極致日曬淬鍊後的辣炒小魚乾

　　我的朋友 CD 常笑自己說，自己是最不適合從事公關行業的，卻一頭栽進了公關行業三十多年，問他自認比一般公關人強項的地方在哪裡？他笑說就是在溝通上充分發揮堅持與在溝通過程中鍥而不捨的精神，我相當贊同他的另類說法！

　　CD 是某公關公司的創辦人兼負責人，今年他所成立的公關公司已經要邁入第三十個年頭，雖然他看起來就是個鄰家叔叔，擁有和顏悅色的外貌，但卻有著叫人捏一把冷汗，也是職場上眾人最不想遇到、頭疼難纏的 AB 型處女座。連他自己都覺得有時這種個性很麻煩，但這樣龜毛的個性，怎麼會從事公關行業卻怡然自得呢？我問他：「你覺得自己適合公關的工作嗎？」

　　他反問我：「你覺得從事公關行業有不適合的星座或血型嗎？」

　　因為有些公關業務上的討論，想約 CD 喝杯咖啡聊聊，對我來說，一般要與朋友喝杯咖啡，最方便的便是約在某個地方附近的連鎖咖啡店，像是星巴克或是路易莎了，因為連鎖咖啡店地點多而且方便又好找。

　　但是 CD 卻持有不同的看法，他口袋中有許多精品咖啡廳名單，只要被他挑中的精品咖啡店，必定是有品味的咖啡店，或是說更是因為他的個性，只要他推薦的咖啡廳，想必就是非

常有特色的咖啡廳，讓人迫不及待的想去品嘗！

今天則是約到他的辦公室見面，聽說他要煮一杯醇香的日式咖啡給我喝呢！抱著期待的心情和這位好朋友見面，可說是一大樂事。在與他喝咖啡之前，不禁讓我想起他的個性，有如在烹煮「韓式辣炒小魚乾」的過程。

這道料理雖說是個小菜，準備起來卻是相當費工耗時，並非幾日可做好，反而是需要晴天日曬淬鍊的配合。首先必須精挑嚴選的小魚，通常使用丁香魚，挑選大約 2 到 3 公分大小長度的小魚，因為這個大小的小魚最適合做小魚乾。稍微清洗後，用熱水汆燙過，將鹽分去除，然後直接放在有日曬的地方，照射個二、三天讓水分蒸發，當確定小魚已經乾燥後即可備料。

緊接著則是要靠料理人炒小魚乾的功力展現，除了蔥、薑、蒜、辣椒等必備的佐料外，很重要的一點便是料理人需要有耐心及毅力，用小火不斷的翻炒小魚，一直到入味。由於是小火烹煮，所以料理人需要站在爐火旁忍受它的熱度，通常需要不斷的翻炒好幾個小時，汗流浹背乃稀鬆平常的事，相當考驗料理人的體力及耐力！

羅潔小叮嚀

對稱美感乃公關人的特長，既要快速反應，又要講究細節、精緻處理；溝通既要擁有比擬麥芽糖的彈性，又要有堅石般的忍耐力，才能在公關圈一展長才，沒有什麼樣的星座或血型才能適合公關行業。

烹煮小魚乾的過程，正如同公關一樣，是一項考驗職人的體力及耐力的工作，想起來，我在年輕時曾在電信公司擔任公關的工作，為了與高層溝通，曾經在辦公室門外枯等數個小時，只為了當面溝通並說清楚幾個重要的條文，因為怕誤解了雙方的認知。或是為了和對口單位確認公文內容，可以守株待兔在辦公室外面等上整個上午等等。

當時並無社群媒體，許多決策需要面對面與高層一一的說明，並得到高層的確認。如何在最短的時間內，表達出最完整的訴求，考驗著公關人的說話表達及說服能力。

CD 端著帶有柑橘水果香氣的咖啡過來時，整個人如同置身於花園般的舒適，通體舒暢，CD 不禁訴說起過往的經歷，是如此清晰真實。他抽了口氣淡淡地說：「回想創業之初，幾乎沒

有客戶上門，原本一口承諾要成為公司第一個的金融業客戶，卻臨時喊卡，並未採用我的公關服務，整整有半年的時間幾乎沒有收入呢！」

我想很多人在這樣的情況下，應該就放棄改做其他的行業，或是去找個工作了吧！CD 告訴我，直到某一精品品牌伸出了第一隻手，也是因為便宜的定價，及精品客戶臨時要辦 VIP 活動，當時沒有公關公司願意接如此低價的活動，卻成為他的敲門磚，成為他的第一個客戶。

然而他的龜毛性格，卻完全正中精品業的要求，他可以為了搭配甜點，自掏腰包買下整組高檔的餐具，只為了要凸顯甜點的精緻美味！還有在挑選蛋糕時，亦兼顧到蛋糕的外型美感，及媒體記者是否可以一口吃完的原則等等，這些即便是活動公司也沒有注意到的細節，反而是贏得時尚公關品牌的信賴，並建立起自己公關公司在精品業的專業！之後吸引了更多精品主流品牌，反而成為精品產業信賴的公關公司，可說是始料未及。

精品及時尚產業的步調雖然快，需要講求速度並在時間的壓力下完成使命，然而如何在壓力下維持公關的品質，卻是需要超級耐力才能完成，因為精品及時尚業要兼顧繁瑣的事務太多，若非追求細節到極致的職人，非常容易忽略而讓品牌陷於危機

之中，這也說明了「魔鬼藏在細節裡」的不敗法則！

　　韓式辣炒小魚乾所散發出的大海香味迎面撲鼻而來，一邊品嘗好喝咖啡的同時，一邊也欣賞 CD 公關職人深度的專業氣度。看到藉由馬拉松式的不斷溝通方式，既兼顧客戶的利益，又能完成公關活動的使命，雖說公關不若烹飪或糕點手作職人容易察覺到的職人精神，但我覺得職人的精神其實是相通的，同樣可以應用在公關、傳播、行銷等相關行業，一點也不為過。

 ## 韓國媳婦的貼身食譜：辣炒小魚乾

一、食材：

1. 丁香魚 250 克，挑選大約 2-3 公分大小長短

2. 蒜末、辣椒、蔥、薑各約 20 克

3. 芝麻約 10 克

4. 糖漿 5 克

5. 葵花油、麻油 5 克

二、作法：

1. 丁香魚稍微清洗後用熱水燙過，將鹽分去除，然後直接放在

有日曬的地方，照射個 2-3 天讓水分蒸發，當確定小魚已經乾燥後即可備料。

2. 蒜、辣椒、蔥、薑切細末，加入葵花油及麻油各 5 克。

3. 沙拉油 4 匙，中火炒，炒到一點焦。

4. 加入丁香魚炒乾。

5. 加入芝麻。

6. 最後加入糖漿。

7. 顏色變成褐色，亮亮的即可拿出。

溝通小提示

溝通時充分發揮堅持、耐心與在溝通過程中鍥而不捨的解說，才能達到充分溝通的零死角，像極了幾經熱火淬鍊過的辣炒小魚乾。

第三章

事必躬親的韓國冬粉

在傳播界不能忽略的就是「**女力崛起**」，回想起在我過往十五年以上外商的公關生涯中，也有過幾位傑出的女性主管，她們共同的特質都是具備良好的向上溝通能力。其中讓我印象非常深刻的一位印度裔高階公關主管 EF，就是非常注重細節並且事必躬親的一位傑出女性。

記得有一次在美國開國際性大會，來自全球的傑出職人，包括管理、人資、業務、行銷、夥伴關係、政府關係、技術部門等單位重要人員都必須出席。總共需要開三天的會議，第一天包括重要議題、產官學界的對談、執行長的演講，第二天則是有產品說明及應用討論，第三天是較為軟性的特定議題分組討論。

因為有邀請來自世界各地的媒體記者，因此除了白天的會議之外，晚上還必須負責記者朋友的晚餐、晚會活動及重要發言人的彙報及記者的彙報，都必須在相當短的時間內搞定。

當所有來自各地區的公關經理都在飯店報到後，EF 請她的新加坡公關助理 EB 發簡訊給所有公關經理，在大廳的咖啡廳碰面，我收到 EB 所發群組的簡訊：「請大家儘快到大廳集合。」

對於剛到飯店的我來說，大概只有 10 分鐘可以放行李的時間，我很快的放下行李，到大廳與來自各國的公關經理會面。EF 很早就來到碰面地點，一一和公關經理們擁抱寒暄問候，EF

親自和大家說明隔天國際會議的流程,也不忘記和來自各個市
場的公關經理一一提出問題,包括政治上的變動、爭議的新聞
也好,或是特殊的市場資訊等等,不得不佩服 EF 的好記性。

　　當國際會議進行時,我們這些來自各國的公關經理,正忙
於安排各地的媒體記者專訪問題、跑場地,及現場各式各樣記者
所面臨到的技術問題時,我看到 EF 正細膩的幫忙亞太區的董事
總經理準備各式各樣的東西,她利用可以接觸到董事總經理的時
候,舉凡印有公司 Logo 的小別針、西裝領帶的顏色的挑選、用
筆的挑選,甚至於當董事總經理起身,旁邊的公事行李箱,她
都不假他人之手,親自挑選及親自幫亞太區的董事總經理提著。

　　雖然旁邊可以代勞的助理非常多,但是她卻禮貌性地告知
其他人,這個工作只有她才能完成,這樣事必躬親的態度,當然
是為了讓她的主管,也就是亞太區董事總經理留下深刻的印象。

 羅潔小叮嚀

唯有親力親為,留下令對方感動的記憶點,才能成為別
人駐足的熱點,把你匡列為圈內人。公關必須把握每
次接觸的機會,並能做到位,自然成為各級主管諮詢
的對象!

　　或許有很多年輕的職人覺得這樣很假，直言根本在演戲吧！感到相當不以為然，但我印象非常深刻，有一位知名主播曾告訴我，其實他是一個非常內向的人，小時候只要有人到家中作客，他都是躲在角落裡不敢吭聲的小朋友。

　　如何克服這個先天的個性而成為一個成功的主播呢？他說到：「只要有了目標，當初他就是立志成為一位當家主播，他可以每天在家對著鏡子不斷的練習，從唸國語日報一字一音的矯正，或是想像自己主持及主播的橋段，大多數的時間是看著鏡子演出來的，練習久了就習慣成自然。就算是演出來或裝出來的，久而久之就成為自己的了！」

　　揣摩成功人士的所作所為相當重要，很多時候我們只是在做個旁觀者，靠著演出來才能成為一個真正的成功者，不是嗎？

　　韓國冬粉也可稱為韓國雜菜冬粉，亦可稱之為韓式炒雜菜，光是作法或食譜就有近百種。這道料理原本是一道宮廷料理，通常是在韓國有節慶或是特別日子宴客時的菜色，在韓國是把韓國冬粉當成一道料理，也是可以配飯一起吃的。由於準備的材料非常多，作法也較為繁瑣，因此可以變化萬千，各家的作法略有不同。

　　但這道料理再如何變化，萬變不離其宗的就是需要用到韓

國冬粉，才能呈現出它的風味。韓國冬粉是用蕃薯做的，呈現出來的是灰色的，和臺灣的白色冬粉不同，臺灣冬粉是用綠豆做的，兩者口感相當不同，韓國冬粉除了非常 Q 彈外，即使吃不完，放冷了再吃也很好吃。

婆婆通常是朋友來家中作客、家中有人過生日，或是過年時才會做上這道料理，韓國冬粉需要先泡上 1 個小時的冷水，再煮 6 到 7 分鐘放涼，之後再進行配料的拌炒。若沒有事前的準備工作，可能會造成冬粉太硬或太軟，會影響到料理品嘗的最佳效果。

之前所提的亞太地區公關主管，就是非常知道自己的位置，如同冬粉在料理中的位置一樣，即便在職場上再如何有成就，或位階已經是副總或總經理等級，即使面臨到要讓對方印象深刻，或是遇到需要溝通的對象時，仍然要虛懷若谷謙虛不已，彎下身來提公事包或拿筆記本。

因為 EF 明白，有些事情只有他本人親力親為才能達到效果，若換了一個人，可能完全不一樣的結果。溝通者或許就是有一夫當關的使命感，才能及時化危機為溝通的轉機吧！

韓國媳婦的貼身食譜：韓國冬粉

一、食材：

1. 韓國冬粉 250 克

2. 蔬菜材料：洋蔥、紅蘿蔔、木耳、香菇、小黃瓜、黃豆芽、波菜切絲，各約 100 克

3. 蒜末適量、醬油 130 克、芝麻油適量、黑胡椒適量、砂糖適量

4. 牛肉絲（或豬肉絲）150 克

5. 雞蛋 2 顆

二、作法：

1. 韓國冬粉先泡上 1 小時的冷水，再煮 6 到 7 分鐘放涼。

2. 炒蔬菜：用熱油薑蒜末及洋蔥、香菇炒香後加入紅蘿蔔、木耳、小黃瓜、黃豆芽、波菜炒香。

3. 炒肉絲：用熱油爆香蒜末，下肉絲、醬油、黑胡椒、砂糖炒後備用。

4. 將蛋攪拌後煎好後切絲。

5. 熱油用蒜末爆香後，加入冬粉，放入蔬菜、肉絲、蛋絲。

6. 最後加入芝麻油即可。

溝通小提示

永遠知道自己在韓國料理的地位的韓國冬粉,像極了在溝通過程中必須事必躬親、親力親為的角色,無論多麼位高權重,留下令對方感動的記憶點,才能成為別人駐足的熱點。

第四章

打鐵趁熱溝通的韓式紫菜飯捲

　　還記得職場生涯中遇到的這位總經理級主管 GH，擁有讓人印象非常深刻洞察危機的直覺，總是能預想到可能產生的危機，立即融入當事人所處環境，快速找到關鍵人及當事人，迅速溝通並且實事求是，化危機為轉機。

　　就有如韓國料理中的紫菜飯捲，和日本壽司最大的不同，就是必須要在米飯趁著溫度還熱的時候，加入鹽和香氣濃厚的芝麻油，立即下去捲飯捲，才能將食材包括蔬菜、烤肉、魚板等配料完全融合在一起！

　　這種擁有洞察先機的能力，其實並非每個總經理等級的人都擁有這樣的專長，有些人是靠著經驗學習而得來，有些人天生敏銳，當然也有人缺乏這樣的特質。不管是天生或後生，好的領導者通常靠的直覺，往往就有如人類感官的感測器，可以測出環境中的異質氛圍。

　　從科學的大數據的角度來看，也就是能將環境中的非數據資料，自然蒐集及轉化為腦中分析的數據資料，當他們洞察出這些環境中的訊號及異樣，毋需說明就知道發生什麼事，而能快速處理這些尚未發生的危機。

羅潔小叮嚀

溝通時若能打開五感——視覺、聽覺、嗅覺、味覺和觸覺，仔細體察，細心做到五感平衡，溝通才能事半功倍。有如製作美食時五味——酸、甜、苦、辣、鹹中求取平衡的口感，才能創造獨特的美味。

還記得第一天和新來的總經理 GH 面對面報告最近上一季的公關成果，並且進一步說明下一季的公關活動，還沒進入他的辦公室，映入眼簾的是從他的辦公室排到整個辦公室外面的鮮花及恭賀盆栽，我心中的 OS 是：陣仗也太大了吧！是何等人物呀？內心不禁好奇起來。

我仔細看了一下掛牌上的恭賀詞，來自包含電腦、軟體產業、經銷代理商、合作夥伴……等等，才發現新來的總經理 GH 人脈相當廣泛，讓人印象深刻。我趕緊敲門進入，總經理宏亮的聲音從裡面傳出：「請進！」在短短時間溝通中，發現他親和力超強，完全是一位五感全開的領導者，之後更加印證他勝於其他領導者的能力，便是能快速地融入夥伴關係中，迅速解決問題！

婆婆曾告訴我，千萬不能將韓國的紫菜飯捲和日本壽司相

提並論，因為有四個關鍵細節不同，也就是米飯、紫菜、調味和餡料。紫菜飯捲適宜用短小橢圓的韓國粳米，韓國粳米粒粒分明和日本米較黏的特性稍有不同。韓國的紫菜飯捲選用的紫菜也較厚，和日本壽司所選用的紫菜不同。

此外，紫菜飯捲會將紫菜光亮的一面朝下，粗糙的一面朝上，先鋪上一層薄薄的飯，並在紫菜的頂部預留約 4 公分空位，不要鋪上飯粒，方便黏合飯捲。韓國人料理喜愛加入芝麻油和鹽，也不像日本壽司添加醋，韓式飯捲的特點是帶芝麻油香，煮熟飯後，便可趁熱放入少許鹽和麻油拌勻。捲完飯捲後，韓國人還習慣在飯捲外塗上一層芝麻油，特別的香。

餡料方面，傳統韓式飯捲的餡料包括菠菜、紅蘿蔔、醃蘿蔔等，時至今日，餡料配搭眾多，當捲飯捲時的順序也有所不同，會先放肉類，像是牛肉、豬肉或烤肉，再放蔬菜，最後放蛋絲，以這樣的次序放餡料，韓式飯捲完後會更為美觀。一般最底層的肉類通常是牛肉、豬，蔬菜則可以是牛蒡、青瓜、醃蘿蔔等，沒有設限，餡料喜歡在飯捲兩邊突出來，因為切出來擺放一樣好看。

GH 就是相當懂得體察不同主體的個性及利益的交涉者，他會依照直覺快速融入溝通的環節中，拆解背後每位主體後

的真正需求，並且充分授權。他是我所見過最能充分信任部屬，並且理解「分層負責，充分授權」，充分理解「當責」（Accountability）含意的主管。就如同紫菜飯捲中的每樣配料，有其各自肩負的角色，食材本身有其價值，更因為食材因其程序、擺放先後之分，經過充分融合後，散發出獨特美味。

讓我印象深刻的是當時發生經銷代理商之爭，並且產生了利潤百分比分配的問題，然而當危機解除後，我看到 GH 更加贏得部屬及夥伴們的信任，也因為深思熟慮、分層式的溝通，讓大夥更佩服他的領導統御能力。

 羅潔小叮嚀

> 溝通者有如美食家一般，若能將每個人的需求看成是五味的一味，若要能創造出美味，必定是需要一個柔和的味道；溝通成功必是每個人都能處在一個舒服的位置。

在溝通過程中經常提到「換位思考」，有相當多的理論基礎，像是仔細聆聽、將心比心、解決矛盾……等等，但從美食製作角度思考中，溝通者有如美食家一般，若能將每個人的需求看成是五味的一味，若要能創造出美味，必定是需要一個柔

和的味道,有時多一點酸,有時多一點辣、甜或鹹,但終極目標是要創造一個大家能夠接受又特別的味道。

在溝通的過程當中,體悟當每個人都能處在一個舒服的位置,甚或是稍許經由協調能夠接受彼此合理的範疇,最終不僅能解決問題,更能贏得長官、同事及屬下的尊敬。

 ## 韓國媳婦的貼身食譜:韓式紫菜飯捲

一、食材:

1. 韓國飯捲用海苔 5-10 片、竹簾捲

2. 紅蘿蔔 1 根

3. 醃黃蘿蔔 1 根

4. 熟飯 600 克

5. 熱狗 1 條、菠菜 200 克、蟹肉捲 200 克

6. 韓國泡菜適量

7. 芝麻油、鹽適量

二、作法：

1. 紅蘿蔔、菠菜炒熟放一旁備料。

2. 煮好的白飯，加入一些鹽及芝麻油。

3. 海苔上均勻鋪上薄薄的一層飯，依序放上醃黃蘿蔔和紅蘿蔔絲、熱狗、菠菜、蟹肉捲等配料。

4. 用竹簾捲緊緊往上捲起即可。

溝通小提示

在危機出現前洞察先機，避免危機產生，處理危機時需要掌握先機、打鐵趁熱像極了韓國紫菜飯捲，必須趁熱包料捲飯，才能將食材完全融合。

第五章

最佳推銷個人品牌的韓式炸雞

　　過去幾年來韓風盛行，從韓國流行音樂到韓國電視劇，還記得幾年前，《來自星星的你》的女主角千頌伊，不論是她的穿著還是她吃的韓國炸雞，都引起熱烈的話題。

　　這幾年大家追劇已經從《來自星星的你》換了許多經典的戲劇，像是《上流社會》、《愛的迫降》、《梨泰院Class》……等等，韓劇物換星移，卻沒想到不變的是那千頌伊口中的炸雞，在臺北的大街小巷發酵開來，已經演變成為各式各樣的韓式炸雞種類，有原味、蜂蜜、起司、洋釀、蔥絲、蒜香、干醬、香辣醬料、辣炒年糕炸雞等口味，多到不勝枚舉，簡直就是瞠目結舌，讓人看了口水直流！

　　韓式炸雞為何能創造出驚人的營業額，且受到這麼多人喜愛，並且跨越文化的藩籬？仔細分析起來，韓式炸雞的雞肉本身，其實和其他美式或臺式炸雞沒有什麼差別，不同之處是在於韓式炸雞在醃製的過程中，通常會用優格或牛奶浸製過夜，因此雞肉體比起美式炸雞更加軟嫩多汁且不柴。

　　等到隔天正式製作時，不會因為油炸而讓雞肉變硬，而其雞肉的外皮，也因為裹上了麥芽糖或蜂蜜等配料，炸後出現焦糖色，更增加雞肉外表垂涎欲滴的賣相。此外，許多韓商為了求新求變，又創造出更多帶有韓風的醬料，像是辣炒年糕、青蔥……

等讓人眼睛為之一亮,達到想要購買的衝動!

　　這樣百變風采的韓式炸雞,往往讓我想到過往職涯生活中所遇到的幾位有個人品牌特色的百萬業務員,之後他們也陸續發光發熱,成為許多外商的總經理。他們的共同特色,就是懂得長期將自己經營成為一個優秀的品牌,如同韓式炸雞般懂得隨時行銷自己,廣受眾人喜愛。

 羅潔小叮嚀

個人品牌的塑造應隨時隨地構思,想想那引人食慾的韓式炸雞,因其獨到的醬料,更讓人食指大動。個人品牌亦是如此,需要長期規畫、定位清楚、策略過人,才能成為眾人追隨的品牌。

　　IJ 就是一個讓人印象深刻且懂得行銷及創造個人品牌的業務主管。除了業務上的挑戰,例如每一季的業務目標要超標,私領域上,IJ 也考上了一流大學的 EMBA 課程,每個星期仍需要花時間在課業上面。當然一流大學的課程也不輕鬆,從寫報告、社團經營、課外活動、人脈經營……等等,生活多采多姿。

　　記得 IJ 約我喝咖啡,一身時髦的體育勁裝來到我的面前,

身形看起來似乎有更加精壯，手臂的線條有更加明顯，討論了一下公司公關上的問題後，話鋒一轉，我說：「其實您是很會經營個人品牌的業務主管。」

他笑了笑說，不管是企業或個人皆需要經營！我說：「是嗎？何以見得？」

他回答：「每個職人的名字，不管在職場上用的是英文或中文，就有如企業的品牌，是獨一無二的個人品牌，需要長期經營。若能善用定位、品牌策略運用、展現獨特的個人賣點，信守諾言、說話算話、始終如一，必能被人賞識！」

個人品牌真的如此重要嗎？從許多成功的業務主管職人的例子來看，每位都有相當獨特且具魅力的個人特質，回想起來都鮮明的存在我的腦海中，即使近幾年來數位轉型、加上 Covid-19 疫情影響，在家工作成為工作常態，但是個人品牌仍可以從幾個不同的面向來塑造，才能在職涯中更上一層樓：

一、成為那個獨一無二連結的形象

看看韓式炸雞吧！不管是蜂蜜、起司、蔥絲還是蒜香口味，都有一個獨特的口味賣點存在，運用在個人品牌中，首先我個人覺得自己要定位好，希望別人想到你時，在腦海中所呈現出

來的形象會是什麼？職場上是否專業？整體形象會是什麼？是否值得信賴？用簡單的幾句話形容時，別人會如何形容你呢？別人腦海中浮現出你的虛擬穿著、打扮會長成什麼樣子呢？

　　想想蜂蜜炸雞的味道，就絕對和起司炸雞的口感不一樣，今天的你想吃哪一種口味的韓式炸雞配上啤酒呢？你希望在別人眼中是哪一種隊友呢？其實個人品牌和所有品牌一樣，不妨先靜下心來為自己做個 SWOT 分析，知己知彼，百戰不殆，先從了解自己開始，才知道該如何塑造唯「我」形象。

二、無死角的展現個人特質

　　行銷中有許多理論，其實一樣可以運用在個人品牌中，例如行銷中的獨特銷售點 USP（Unique Selling Point），不只可以運用在產品銷售上，個人品牌更是如此，每個職人都需要找到那個最有價值的記憶點，成為你獨有的 USP，並且發揮到極致，讓高層、同僚或下屬，皆能在任何時刻想到你時，就能連結到你的 USP。

　　目前社群媒體、數位傳播的面向更為廣泛，當職人思考自我定位時，更要考量出現在社群的形象，必須要和實體的你是一致性的，畢竟品牌的管理，個人品牌的資產也是相同的概念。雖

然許多人認為臉書上的個人應該只是呈現出生活的面向，並且是私人具有隱私的，然而就行銷的角度來看，生活上更能呈現出真實的個性。許多人資管理者，不僅會參考「領英（LinkedIn）」上的履歷，更喜歡參考臉書、IG 上的職人生活或人格特質。

三、創造出缺一不可的尊貴價值

人在職場的江湖中，征戰業界當然需要靠著許多核心的技能，這些核心技能或關鍵能力，除了是自認優勢的地方，更需要就業市場認證，才能稱為專業技能。以我為例，例如過往在電視臺製播、採訪經驗、對新聞的敏感度以及二十年以上公關的經驗，更成為我的核心競爭能力。

對於年輕的職人，經由 SWOT 分析後，若能將自己的優勢發揮，並且聚焦專注在這些專業技能，才能成為根本的競爭力量。此外，因為興趣使然，進而發展成為斜槓的職涯，更讓我悠遊在職場中，不僅可以成為我的養分，在人際關係的擴建中，更可以輕而易舉地搭建起許多的話題。

在溝通中，讓我的形象可以很容易的被記憶，這些加總起來，自然成為我個人品牌獨特尊貴的職場價值。所有的職人應該經常去思考，如何塑造一個個人品牌，才能彰顯並發揮出你

的尊貴價值。

看到 IJ 及其他優秀擁有業務能力的職人,想必大家在銷售技能上不分軒輊,然而細看後,每個人在其尊貴價值上又有所不同,若是在一個平臺上仔細觀察,識別度上就能輕易體察到不同,有人開發業務能力強、有人技術能力好、有人解決問題能力快、有人分析能力佳、有人夥伴關係強,企業在調整人力、改變人員配置時,自然就會有所取捨。

四、培養領導魅力(Charisma)的個人品牌

在職涯中,有非常多機會需要幫忙訓練企業發言人,安排公關或發言人課程。我所看的能被企業指派為發言人的主管通常在業務的表現上都相當優秀,但是要成為具有領導魅力(Charisma)的領導者,卻是需要訓練,經年累月的練習,才能成為具領導魅力的個人品牌,這樣的領導者卻不多。

仔細推敲起來,要能成為具有領袖魅力的領導者,像是蘋果電腦的精神領袖史帝夫‧賈伯斯(Steve Jobs)或是比爾‧蓋茲(Bill Gates),或是政治人物像美國的馬丁‧路德‧金博士、甘迺迪總統或印度的甘地等等,這些人物擁有自信、遠見、願景、對目標堅持、創新,並對群眾有號召力、影響力,懂得

運用演說感染眾人，具備了領導人的特質或氣質。

能夠培養領袖特質需要經年累月的演練，若從根本著手，就公關發言人訓練角度來看，平日練習的部分可以放在「重點訊息」、「穿出成功」、「聲音力量」這三方面來做努力。

 羅潔小叮嚀

培養領導魅力（Charisma）的個人品牌，平日可以從「重點訊息」、「穿出成功」、「聲音力量」練習起。

之前因應教育部的專案，受到系主任邀請到大學演講，有一位傳播系的同學問到：「該如何像老師一樣，說話有重點並且邏輯性強呢？為何老師講話如此有層次、有條理呢？該如何練習呢？」

在這裡給年輕的職人建議，平日可以多練習「說話三重點」的方式，在陳述時將重點整理成三個重點，並依照優先順序說出，如此一來重點分明。每一項的重點當中，若想要說服力強並有所依據，可以尋找出適合、支持論述的數據加以佐證，久而久之就容易形成說話的習慣。「穿出成功」、「聲音力量」會在下個章節再說明！

　　一般來說，當我們在訓練發言人時，因為發言人經常有機會面對報紙、網路、廣播、電視等不同的媒體專訪，最好的方式就是練習以「訊息屋」的形式，將訊息以邏輯的方式整理。

　　首先，發言時可以將訊息三大重點以標題式的方式點出後，稍加說明，然後針對每一個重點，再以條列、數據化的方式，羅列出事實根據，這樣有數據為依據才能更加說服眾人。

韓國媳婦的貼身食譜：韓式炸雞

一、食材：

1. 雞腿塊（帶骨或去骨）約 1 公斤

2. 牛奶（大瓶）1 瓶

3. 醃料：大蒜、薑、洋蔥、鹽、米酒、黑胡椒、冰糖適量

4. 醬料：橄欖油、大蒜、番茄醬、韓國辣醬、蜂蜜、白醋適量

5. 韓國炸粉 200 克

6. 沙拉油適量

7. 蔥花、芝麻適量

二、作法：

1. 雞腿塊（帶骨或去骨）用優格或牛奶浸製過夜。

2. 將雞腿塊用醃料用手抓醃備用，放到冰箱醃漬至少 1 小時以上。

3. 裹上炸粉，準備入鍋。

4. 沙拉油熱鍋到 160 度後，放入裹好的雞腿塊，炸 3-4 分鐘撈起。

5. 油鍋加熱到 180 度後，把炸雞放進去炸第二次，炸到表皮顏色金黃取出。

6. 將起鍋的炸雞趁熱裹上醬料，撒上蔥花、芝麻即完成。

品牌小提示

個人品牌應向因其獨到的醬料更讓人食指大動的韓式炸雞學習，找到個人獨特銷售特點，並要長期規畫、定位清楚、策略過人、才能成為影響眾人的個人品牌。

第六章

講究層次鋪陳的韓式糖醋肉

　　幾乎每次回到婆婆家，或是有朋友來作客，婆婆非常喜歡做的便是韓式糖醋肉，這道菜因為酸酸甜甜的味道，非常開胃，因此春、夏、秋、冬皆適宜，再者因為這道菜的主視覺為里肌肉，韓國女主人通常會以葷菜為主菜，代表著主人的好客誠意，搭配起紅椒、木耳、小黃瓜及洋蔥等配菜，不管在外觀色澤上或是豐富多樣性上，更突顯出女主人的大方與熱情款待！

　　追溯起韓式糖醋肉這道菜其實來自於中華料理的糖醋肉或咕咾肉，做法非常相近，用料也很接近，但是韓式糖醋肉在做工切法上及層次鋪陳上，卻有著細微不同，首先就里肌肉的切法，韓式糖醋肉喜歡將里肌肉切成條狀，醃上醬油及濃稠的太白粉及玉米粉。

　　反之，中華料理的里肌肉所醃的太白粉較少，韓式所用的太白粉及玉米粉較多，比較像是裹上一層炸粉的感覺，婆婆喜歡用牛里肌取代豬里肌肉，裹上粉後炸過兩次，第一次油炸，上了一層焦黃色，第二次再用小火油炸定色後，里肌肉更加美觀及可口。

　　KL是我所認識與合作過相當專業的一位形象造型師，過往合作過許多知名女星、藝人、主播、發言人、總經理、總裁、公司負責人等。還記得在一次合作過程中，我和KL約在某位總

經理的家中，為這位總經理量身打造出屬於他的專業形象，我們打開他的衣櫥，從如何運用色彩能量搭配服裝，生活上的穿搭教戰守則，以及真正幫他搭配出好幾套專業形象的服裝、配件及鞋款，並且說明髮型的重要性等等。

當全方位的打造完畢，幾乎花掉了一整天，在我們的要求下，這位總經理換上其中的一套經由我們設計後的服裝，真的有如整個脫胎換骨一般。

KL 親切的告訴我們：「不妨把每次的穿搭或每次的出場都營造出一種上場表演的儀式感，不要拘泥於一定要穿出如何，而是除了滿足需求外，更重要是玩出趣味，很有意識地做自己，穿出成功、穿出品味！」

呈上章所說，培養領導魅力（Charisma）的個人品牌，平日可以從「**重點訊息**」、「**穿出成功**」、「**聲音力量**」練習起，該章的重點則是放在穿出成功。

我有許多機會應邀到企業內部進行公關訓練，面對面與專業主管溝通及交流時卻發現，許多主管們在辦公室中穿的是運動鞋，有些男性主管穿著一件 T 恤，有些女性主管穿著圓領休閒材質的上衣到公司上班，或許有人認為反正現在運動風正流行，隨便穿著舒服的服飾到公司即可，但是對於有些積極進取並想

要培養魅力領導的個人品牌主管，有這樣的想法就很危險了！

想要穿出成功展現個人的形象魅力，其實並不容易，有如糖醋肉人人可以在家中做，但想要端出一盤色香味俱全，如同五星等級韓式糖醋肉上桌，卻非人人可以做到。為何可以成為五星級飯店等級的糖醋肉，原因在於主廚的巧思，以及加上了華麗的擺盤、裝飾好菜色。

人要衣裝，料理也要金裝，領導人也是相同，必須懂得包裝自己。如何找到個人亮點，我覺得必須從了解自己做起，也就是發覺和建立自己的個人識別系統 PIS（Personal Identity System）。

好比說蘋果公司創辦人賈伯斯（Steve Jobs）一襲黑色高領衫和牛仔褲，招牌黑衫由設計師三宅一生設計；亞馬遜董事長兼執行長貝佐斯（Jeff Bezos）常穿著襯衫搭牛仔褲半正式休閒裝（Smart Casual），女性像是前英國女王伊莉莎白二世、凱特王妃等，優雅端莊的套裝，顯現出她們堅毅不拔精神，出訪他國時搭配出訪國國旗顏色的巧思，也都擁有明顯的辨識度。

羅潔小叮嚀

主廚華麗的擺盤，有如個人品牌中建立自己獨特的個人
識別系統，找出與眾不同的穿衣哲學。

　　想要建立個人識別系統 PIS（Personal Identity
System），不妨靜下心來，放個鏡子在自己眼前，好好端詳自
己，大家應該對於英國臨床心理學家 Linda Blair 提出的七秒
理論不陌生：「第一印象的建立，在於初次見面的七秒鐘。」
或許說七秒來判定一個人是浮誇了些，卻不得不否認人們對於
他人最直覺、也是最直接的印象，往往都是從第一印象開始
發展的。

　　從第一印象中最容易給人留下印象的臉開始，瞧瞧自己的
臉屬於長形、圓形還是方形臉，自己的臉是否對稱、五官的分
布又是如何？自己屬於什麼樣的臉形該搭配什麼樣的髮型？可
曾想過為建立專業形象感而去改變髮型呢？現在挑染髮色過於
流行，過多的顏色在視覺上反而是不夠端莊或專業的象徵，年
輕的職人還是要三思！

　　就如同主廚一般，在端出一盤好菜的同時，總是會思考想

要營造什麼樣風格的擺盤呢？當面對客戶、同業同事、主管、部下或大眾，這時領導人身上的服裝又想傳遞著什麼樣的訊息？還記得每次行銷或公關在進行大型的提案或是比稿時，團隊要想一下服裝的搭配和各自扮演的角色，畢竟服裝是整個團隊傳遞訊息的隱性溝通工具。

談到第一印象，就必須提到的理論基礎首因效應（Primacy Effect），通常指的是在人際交往中主體信息出現的次序對印象形成所產生的先入為主的影響，也就是為何見面或交往時的第一印象至關重要，對腦內的印象的形成影響很大。有心打造個人品牌的職人正好可以利用首因效應的理論基礎，思考如何營造出想要傳達的第一印象。

現在若是要我運用首因效應想起在職涯中印象最深刻的企業主管，我必須說是兩位亞太地區的董事總經理，他們兩位的西裝及襯衫上衣全都是量身訂做款，擁有上百條領帶。

但是在重要的新聞或產品的記者發表會前，每次會上演的場景，卻是拿上好幾條領帶問我公關上的專業意見，請我幫他決定在記者會中用哪一款領帶，比較能傳遞出記者會的訊息。發言人的儀表自然可以建立起隱形的發話權，當記者進入時自然而然感覺到，為記者會定調並樹立起個人風格！

　　還記得十五年以上的外商職涯中，有非常多到國外參加國際會議的機會，身份是代表著臺灣或大中華區的公關主管，又該如何打點出屬於自己的儀表？之前做企業內部訓練時，也有一位位高權重的主管問我同樣的問題，因為參加國際會議不僅代表著個人品牌，同時某種層度上更是呈現出你所來自的地方或文化表徵。在這裡建議職人們可以考慮以下四種穿著：

一、正式休閒服（Smart Casual）

　　「正式休閒服」這個詞大約在 1980 年代開始出現，其實沒有很精確的定義，基本上就是「沒有上班那麼正式，少掉一些正式」，但也不像「一般的休閒」那麼「休閒」，多了一些舒適感的服裝。

　　除此之外，在不同場合，「正式休閒服」也會有所差異。出席國際會議，若是三到五天的時間，可以準備正式休閒風服裝兩、三套，但要記得其中要有一套在飛機上面穿的，因為有些國際會議有時差上的影響，安排的非常緊湊，有時一些企業內部的會議可能安排了會前會，在一下飛機就必須到達指定地點開會，這個時候若在坐飛機時的穿著過於邋遢，要直接趕去

開會場所恐怕貽笑大方，必須稍加注意。

　　職人們若要打造正式休閒服這種風格，可以先把全身拆解為三個主要部分：上衣、下半身、鞋子。在這三部分之中，挑一或兩樣正式（視場合而定），其他則保留休閒。這樣混搭後的效果，就可以自然成為正式休閒服。

　　以男性為例，西裝外套內可以搭配Ｔ恤或Polo衫，鞋子可以穿上休閒鞋。女性的話可以穿上襯衫，下半身搭上休閒褲，鞋子穿上稍微正式的平底鞋，把握此原則即可創造出屬於自己的正式休閒風格。

二、正式商務服裝（Formal Business）

　　正式商務服裝通常就是在正式的辦公室和公司會議或活動的著裝要求。當要穿著正式商務服裝時，男性建議職人穿成套的深色西裝，如黑色、深藍色或深灰色；而襯衫是標準顏色的商務襯衫，如白色或藍色；鞋子搭配為正式的皮鞋。

　　女性職人可以套裝著裝，在正式程度上，裙裝套裝會比褲裝套裝更加的正式，鞋子搭配著包鞋，以不露腳趾的鞋為主，顏色以黑色居多。參加國際會議時通常第一天的開幕大會及主題演講（Keynote Speech）或是記者會上都會看到這類服裝，

因此可以帶個一、兩套出席。

三、商務休閒服裝（Business Casual）

這個服裝比正式商務服裝更加輕便，卻不失端莊有型，正因為「商務休閒服裝」定義其實並沒有普遍的共識，因此反而是表現個人穿衣風的最佳時刻，但稍不留意反而容易出錯。

得體的商務休閒服裝，建議男性職人可以穿著休閒長褲或卡其褲、正式襯衫、開領襯衫或 Polo 衫、領帶（選用）或符合季節的休閒西裝夾克，鞋子可以穿著較為舒服的休閒鞋。

女性可以嘗試的服裝就更多了，像是連身洋裝或穿著休閒西裝外套、針織衫或毛衣搭配褲裝，鞋子仍以休閒的包鞋為主，英國的凱特王妃經常以連身裙著裝參加非正式會議示範了最好的商務休閒服裝。商務風簡約連身裙加上高跟鞋，優雅端莊又幹練，成為王室的最佳代言人。

四、正式晚宴服裝（Formal Dinner Attire）

在國際會議中所謂的正式晚宴又分為相當多種，職人在邀請函中的英文必須要分清楚，若是寫上 Black Tie Party 或 Black Tie Event，其實 Black tie 不僅指黑色領帶，它還有「著

正式服裝」的意思。

這類型的服裝就要著裝的非常正式，男性職人可以挑選合身的西裝出席，搭配深色的鞋子；女性職人通常需要準備晚禮服出席，鞋子以搭配晚禮服的高跟鞋為主。

另外一種是許多外商職人會碰到的國際會議中的「正式晚宴」（Gala Dinner），而這也是國際社交場中，立見品味高低的場合。這類型的晚宴其實更加可以展現各國文化及風土民情，可千萬要提前規畫記得帶一套，否則到時候就只能憑平庸毫無特色的穿著。

我還記得我的印度同事就經常穿出相當具有印度特色華麗的晚宴服出席獲得好評，而我曾經有幾回穿著改良式的旗袍或中國風特色的晚宴服也相當引人注目，對我來說，這更是相當好的機會增加與其他國家的同事溝通了解並且增進情誼的時刻，讓國外的主管留下深刻的印象的好機會，讓他看到你的用心，真正的穿出成功！

羅潔小叮嚀

穿出品味，穿出成功，建立自己的穿衣哲學，每次的出場都營造出一種上場表演的儀式感，國際會議場合就是你的伸展臺。

　　我個人是鞋子的愛好者，家中大約有超過百雙的鞋，也非常喜歡研究鞋子的不同，由於從事公關及行銷的工作，大部分時間需要與別人溝通協調，因此也可以發現我的鞋大部分都是圓頭鞋多於尖頭鞋，不管是平底也好或是高跟鞋也好。

　　因為圓頭鞋表達出較為圓融、和諧，而尖頭高跟鞋代表行動力及攻擊性。大部分去辦公室時我都是穿著圓頭鞋，但若是去比稿、爭取新的案子時我就會穿上尖頭鞋顯現出我的企圖心，連你的鞋子都在幫你說話。

　　在職場上，建立起個人品牌的識別系統後，盡量維持自我風格一貫性，才能更加深別人對你的記憶點，讓你在溝通時，成為無形的溝通語言！

韓國媳婦的貼身食譜：韓式糖醋肉

一、食材：

1. 里肌肉（牛肉或豬肉皆可）1 塊約 200 克

2. 太白粉、麵粉 20 克

3. 紅蘿蔔、小黃瓜、洋蔥、高麗菜、蔥適量

4. 醬料：醬油、糖適量、檸檬 1 顆

二、作法：

1. 里肌肉逆紋切小塊（約 0.2 公分）。

2. 加入太白粉、麵粉、醬油與肉塊攪拌、抓勻。

3. 沙拉油熱鍋到 160 度後，加入小肉塊，炸 3-4 分鐘撈起。

4. 油鍋加熱到 180 度後，把小肉塊放進去炸第二次，炸到表皮顏色金黃取出。

5. 將醬料與紅蘿蔔、小黃瓜、洋蔥、高麗菜切片、蔥切段（約 5 公分）拌炒。

6. 將水混入太白粉、醬油、糖、檸檬與前項蔬菜拌炒成為醬汁。

7. 最後將醬汁淋上里肌肉盛盤即可。

品牌小提示

端出五星級飯店等級的糖醋肉，必須有層次分明的擺盤；領導人也是相同，必須找到自己獨特的個人識別系統。

第七章

創造儀式感的韓國烤肉

　　婆婆總喜歡在過中國農曆年的時候準備韓國烤肉，不得不說韓國烤肉是我認為最具儀式感的一道料理，因為這項料理從準備到真正要上桌，以及上桌後整體的配料、醬料、蔬菜、沾醬、各式小菜都會擺滿整個餐桌，全家人圍著烤肉盤，熱呼呼看著牛五花或豬五花在盤中跳躍。

　　接著用萵苣類蔬菜的生菜，一層一層包上肉、泡菜、沾醬等等，包裹成一口的大小放入口中，真是有夠幸福與滿足。若是在過年，大夥們聊聊一年來的酸、甜、苦、辣，自然是過年時家族溝通的最佳時刻！

　　韓國烤肉要做的道地，在五個部分必須要做的到位。

　　第一，是在前一天必須先醃製肉類，不管是豬五花肉或是牛五花肉，即便是在韓國的婆婆媽媽所準備的配料也會稍微不同，但一定要有的成分像是洋蔥、蒜頭、醬油、些許糖、黑胡椒、香油等等。婆婆則是喜歡加入水果調味，最主要是加入水梨、蘋果，也有韓國人加入微酸的奇異果，或是微甜的鳳梨等水果，接著放置一個晚上，隔天即可備料烤著來吃。

　　第二部分則是挑選生菜，韓國人常吃的生菜盤裡通常會有紅葉生菜、蘇子葉（芝麻葉）、蘿蔓、萵苣生菜等等，有時會準備個三到四種，光是放在桌上就相當賞心悅目，因為要生吃

所以婆婆在挑選時一定會選擇最新鮮的，並且加以清洗乾淨。

第三部分則是泡菜及各式小菜，韓國泡菜當然是最基本的小菜，韓國家庭幾乎是每餐必備的小菜，韓國烤肉加入一兩片韓國泡菜的口感更加好吃，再者泡菜酵素多放在肉中更可以幫助消化。

若只有韓國泡菜不免太單調，婆婆會準備上的小菜包括涼拌黃豆芽、涼拌辣小黃瓜、涼拌韭菜、辣蘿蔔、醃大蒜、韓式馬鈴薯、涼拌海帶芽、涼拌菠菜等等，幾乎擺滿了整個餐桌，這些小菜可以在每一口韓國烤肉後搭配著吃，既豐富且營養均衡。

第四部分，韓國家庭烤肉也會準備幾種配菜，和豬五花肉或牛五花肉一起烤，可以調和油膩感以及增加變化。這些配菜在烤完肉後加入烤盤中烤，可以同時吸取肉香和肉汁，綜合後更加好吃。配菜當然可根據個人喜好選擇，通常韓國家庭常見的烤肉配菜選擇：洋蔥、大蔥、大蒜、菇類（杏包菇、金針菇、蘑菇等）、馬鈴薯片等等。

第五部分則是韓式烤肉醬料。婆婆會準備的韓式醬料非常多樣，最多可以到將近十種。但是以韓國烤肉的沾醬來說，她最喜歡用的沾醬是用韓式豆瓣醬，加上些許糖、黑胡椒、麻油、醋、大蒜等調配即可完成。當然若是吃韓國烤肉的同時來杯韓

國燒酒就更對味啦！

在我認識的公關職人中，有一位也是烹飪高手 MN，近兩年因為疫情影響，必須在家工作，從她的臉書照片中所貼的各式各樣的美味佳餚，即可端詳一二。

但真正讓人讚許的，應是在我認識她的近十年職涯中，我看到她是非常懂得在全球經營的外商企業中，如何提升自己及所處部門的地位，並運用各種機會和各部門積極溝通，並將公司資源、預算做最有效的運用與分配，每一季總是相當認真思考，並計畫籌辦與各地市場的公關人員討論出各式各樣的好活動，如同在製作韓國烤肉料理一般，從前端的醃製肉品到最後一盤好菜上桌，用盡心思，要想色香味俱全真是相當不容易！

MN 和我通常一、兩天就會用通訊軟體像是 LINE 溝通一下工作上的進度或公關活動，今天除了溝通例行性的活動外，也因為剛開完亞太地區的業務會議，當每個地區都為了爭取活動預算爭個頭破血流時，剛好我們也可以溝通及討論看看是否還有其他的方式增加更多媒體的曝光量及擴大宣傳力道。

對我來說，必須把握任何與國外的行銷、公關或業務溝通的機會，因為我會先構思並主動將我的創意或計畫先行說出，讓對方印象深刻。這次也相同，和 MN 溝通相當有意思，如同

打乒乓球一般,有進有退。還記得在一次對話中 MN 說:「臺灣團隊雖然不大,卻很團結,業務做得很不錯,下一季的活動即將開始,有甚麼可以幫到你的呢?」

我心想太好了,正好可利用這個機會爭取機會與預算,於是我告訴 MN:「正因為預算不夠,但我知道你與某某部門關係良好,剛好可以幫臺灣地區向那個部門協調一下並爭取部分預算,臺灣地區的業務、行銷、公關及夥伴部門則可共同支付預算,這樣讓臺灣不至於缺席這項大型活動?」

MN 表示可以試試,原本臺灣不在這項活動範圍內,但就在她的努力協調下我們順利加入了這項大型活動,對臺灣的業務推廣,發揮了推波助瀾的效果!

或許正是 MN 深知美食調味的道理,烹飪有時需要鹽要撒多些、醋要加少些,或是多一些糖,少些醬油等等,才能調出均勻的美味!各市場也是相同的,每個市場都想獲得最大利益及預算,但品牌力要發揮到極致仍需要各企業部門的協調才能將品牌達到最大的影響力。何時讓利或何時強攻,如何達成最大利益,考驗著每個部門的智慧。

羅潔小叮嚀

擅於調味，何時鹽需要多一些，還是加些辣味或酸味？
跨部門的協調好比調味配方，恰如其分才能達成企業共
贏的目標。

　　這個道理如同韓式烤肉擺盤重視儀式感一般，若是每個市
場都能夠業績做得好，行銷、公關、領導品牌都能做到亮麗聲
量，如同韓式烤肉精心挑選的肉品，生菜 3 到 4 樣的燦爛，小
菜的澎湃，烤肉配菜的五顏六色，每樣都盡情發揮到極致。

　　每個市場都不相同，卻又各自綻放其獨特性，在全球品牌
中自可比其對手來的更加強勢。東方佳餚的擺盤的方式與西餐
大不相同，西餐是一道一道上菜，每道菜色上的擺盤上主廚們
費盡心思，畫龍點睛點出主菜，但韓國的烤肉文化上，卻是強
調它的豐富性，有如滿漢全席般的佳餚，才能顯現出賓主盡歡
的視覺饗宴。

　　懂得溝通的人，必然懂得如何做出一道道佳餚，必須讓食
材能充分發揮出它的味道，卻又不會與相搭配的食材有所牴觸，
達到雙贏的目的，也就是在溝通的過程中，當設定好共同追求

的目標，探究出對方所要達成現階段及未來的目標，才能共
創雙贏！

 韓國媳婦的貼身食譜：韓國烤肉

一、食材：

1. 豬五花或牛五花肉約 600 克（稍厚約 0.3 公分）

2. 生菜：紅葉生菜、蘇子葉（芝麻葉）、蘿蔓、萵苣生菜

3. 醬料：洋蔥、糖、麻油、蒜、薑、醬油、米酒、水梨、蘋果（適量）

4. 沾醬：韓式豆瓣醬、糖、黑胡椒、麻油、醋、大蒜（適量）

5. 配菜：洋蔥、大蔥、大蒜、菇類（杏包菇、金針菇、蘑菇等）、馬鈴薯片、泡菜（適量）

二、作法：

1. 豬五花或牛五花肉切條狀。

2. 將洋蔥、糖、麻油、蒜、薑、醬油、米酒、水梨、蘋果倒進果汁機，打成泥作為醃料，加入五花肉中醃約一晚。

3. 準備配菜，包括洋蔥、大蔥、大蒜、菇類（杏包菇、金針菇、蘑菇等）、馬鈴薯片等擺桌。

4. 將蔬菜擺桌。

5. 烤盤熱好鍋後，就將五花肉放上烤盤，不要放太滿會比較好受熱，其他空間還可以放配菜。

6. 用剪刀將條狀五花肉剪成段狀。

7. 用蔬菜包入烤好的五花肉、泡菜，加入沾醬及配菜即可食用。

品牌小提示

重視儀式感韓式烤肉擺盤，如同跨國品牌一般，時而讓利，時而強攻，協調佳讓行銷、公關發揮綜效，才能端出一盤風味極佳的亮麗品牌。

NOTE

Part2
展現自我，創造自我價值

第八章

表現自我的辣炒年糕

從事公關行業二十多年，在更早之前亦是從事新聞採訪行業，認識無數各行各業的人，經常需要與公司負責人、業務龍頭或技術代表對話或溝通，九成以上溝通對象可都是各界精英，也都是行業中一流聰明的職場戰將。

但是真正成為行業中讓人敬仰的領導者卻不多，然而領導者除了優秀的執行力、勇敢力、責任感等等特質，許多學者專家一致表示，領導者還需要有一個非常重要特質，就是要擁有「有效的溝通能力」，反而一般人認為的智商高或聰明力卻不是領導者該具備的特質。因此我常想究竟聰明是溝通上的阻力還是助力呢？

OP 是某公司的創辦人兼負責人，最近在公司品牌塑造上遇到一些問題，經過朋友的介紹，某個下午與他的團隊見面，希望能針對他目前公司面臨的挑戰及困境，經由充分討論，能夠對症下藥，提出對其公司有用的建議。整場會議下來，只聽到 OP 一個人口沫橫飛地一股腦在說明，他的部屬無人敢發言，當時的情形是 OP 公司電商平臺遭駭客入侵，駭客要求給予贖金。

OP 氣急敗壞的說：「都已經導入某家資安解決方案，為何無效？出事後社群網站上消費者罵聲不斷，該如何運用公關方式解決？你們公關公司可有解決方案？」

　　還記得當天我們團隊準時到達，負責人因為上個會議延遲，請他的同事與我們招呼一下後，我與其他同事只好坐在另外會議室外面等待，約莫一個小時後才被請入大會議室中。

　　因為第一次與負責人的團隊見面，大家熱烈的交換名片後，還不等我們坐定，負責人已經非常心急的分享目前所遇到的問題，旁邊的下屬看來似乎也很習以為常，在會議中下屬沒有一個人發表任何意見，整場會議頗有一言堂的意味。當進入會議最後討論的階段，負責人也一股腦地說明他將如何做，並且心急地問我們的策略及想法。

　　仔細想想，我發現許多聰明的人，因為心思跳躍的極快，缺乏聆聽的耐心。也因為工作上的關係，經常需要面試許多剛剛進入公關職場的年輕人，許多來自國內外名校的年輕人，很容易為了顯露出自己的聰明才智，對談中往往不小心搶話，也經常因為自視頗高而不屑聆聽，自顧自的說著豐光偉業，反而犯了溝通的大忌！

羅潔小叮嚀

不懂得掌握聆聽訣竅的的職人，很難在未來職場中勝出，因為聆聽是溝通中相當重要的一環，透過專注的聆聽才能作為有效溝通的基石！

　　這好像我們所吃的韓式辣炒年糕，辣炒年糕的食材可以說是韓式料理中最簡易的一道料理，食材只需加入醬油、白糖、辣椒醬、辣椒粉、魚板及白芝麻，最後撒上青蔥或大蔥即可完成，我們這麼想：如果將韓式辣炒年糕拿去給試吃大會眾多路人時，相信當你問試吃的人裡面有放什麼食材的時候，大部分的人會直覺地告訴你，應該就只有辣椒醬，並且應該煮法也很簡單就是一直煮到入味吧！

　　過於聰明的人就好像是韓式辣炒年糕，整盤的焦點恐怕就只有韓式辣椒醬而已，似乎整盤都品嘗不到其他食材的味道。聰明的人也如此，經常在只顧著自己表達意見，展現自己的聰明才智時，忘記別人的存在，往往也聽不到別人的意見。

　　其實聆聽是溝通非常重要的步驟，英國著名企業維珍集團的創辦人 Richard Branson 曾表示：「聆聽可以讓你學習，對

方可能是飛行員、工程師，或甚至是顧客。你要先打開雙耳聆聽，才能獲得更多新鮮、有用的資訊。」

此外他也發現，一些企業家都十分樂意分享自己的故事，但當他們說完要換另一方說話時，這些企業家明顯失去了興致，開始滑手機或是敷衍的點頭，不再專注於談話中。然而，當他與非常成功的企業家聊天時，卻發現他們有個共通點，都是非常棒的聽眾。

他的結論是：「若不懂得聽，你將會錯過許多學習的機會，而要成為一位好的領導者，你得先成為一個好聽眾。」

此外，太過聰明的人更加容易主觀意識太強，不容易接受別人的意見，當主事者只看得到自己的觀點，往往無法理性客觀的分析事務。

很久以前遇過一位老闆，脾氣非常爆怒又愛面子，無法接受別人的意見，他是一個很有創意想法的人，提出的創意往往相當大膽，讓人眼睛為之一亮，但是不喜歡聽到與他持相反意見的人，久而久之，主管就只提老闆想聽的，而忽略其他可以嘗試的方式，畢竟唐太宗與魏徵這般的賢君良臣佳話太少，又有幾個唐太宗呢？

另外也有許多研究顯示，智商高或聰明的人可能更容易受

到「我側偏見」（me-side bias）的影響——即總是會傾向於有選擇性地蒐集信息。

在這個過程中，傾向於收集那些支持自己預判的部分，來證明自己的信念和猜測；而忽略和自己想法相悖的訊息（Kolbert, 2017；Mercier & Sperber, 2015）。

之前遇到一位主觀意識非常強烈的長輩，在他的職涯中一直是擔任主管職務，很多時候他喜歡發表演說，一旦發表看法，可以講上好幾個小時，不喜別人插話。之後若我有需要和他溝通必須要有幾個策略，才能順利達到理想的結果。

 羅潔小叮嚀

欣賞並稱讚他獨到的見解可以開啟與主觀意識強烈的人的溝通大門，過於聰明的族群往往邏輯思考能力在一般人之上，因此在溝通技巧上反而應該需要更多的肯定！

一、欣賞並稱讚他獨到的見解

主觀意識強烈的人通常較為固執，因此我會先站在同一立場，先是讚賞他的睿智，若遇到他情緒激動的時刻，盡量不與他爭辯，安撫他的情緒為溝通優先順序，等待他的情緒平穩時，

才與他溝通。這個過程可能在精神意識上比較緊繃，但是一定要沉得住氣，我會對自己說：「稍安勿躁，撐過就海闊天空！」

二、真正理解他的想法

很多人在溝通的過程中，只做到表面功夫，只想盡快達到規畫好的溝通目標，卻忽略掉需要表達出來真正理解對方的心態。聰明的人通常比一般人更加敏感，在用字遣詞上亦是更為在意，在雙方溝通的當下，其實要察覺對方是否有誠意的真正想要理解對方是很容易的，所以在這個階段很重要的一點，就是要展現發自內心理解對方之心！

三、表達善意，理解並不代表善意

小時候家長常會用當你朋友這招，成為孩子的朋友，站在小孩的角度，然後找到原因後，以子之矛，攻子之盾。家人的出發點是善意的，但在職場上或談判上，大家的立足點不同，也有多項利益衝突。

如何在溝通過程中，表達善意是相當重要的，在幫助發言人或客戶處理危機時，公關人員必須不厭其煩的告知當事人，我們是出自善意，與當事人站在同一陣營，很多時候當局者迷，

更多聰明的人，容易有被害妄想的傾向，根據精神科陳俊欽醫生臨床的研究，「被害妄想症」患者有不少是成功及聰明人士，因此再三強調善意，是讓溝通能持續進行的潤滑劑。

四、客觀的分析

畢竟多面向的分析才能獲得主事者的信任或採納。在分析的同時必須讓對方知道，陳述的內容只是一個觀點，並不是對他個人的否定。很多時候主事者會參雜入個人的價值觀，溝通的策略就是喚起他／她的理智！畢竟聰明人一點就通，公關人只要巧妙地適當的提醒，即可達到目的。

五、提供協助

不管對上或對下很多時候適時地提供有效的協助，是溝通的良方。當客觀的分析完畢，對方其實想聽看看以第三人的角度來看事情的面向。好的公關人就會利用這樣的機會提供對方不同的角度思考及解決方案。

往往可以留下好印象，讓關係更上一層樓。

溝通的目的是希望品牌更加發光發熱，聰明不等同智慧，星雲法師曾說：「觀念就是智慧，智慧就是財富，會辦事的人會將小事做成大事，不會做事的人會把大事做成小事。」

星雲法師更說：「人有智慧，做事機智靈巧、進退有據，這種人不管走到哪裡，必然受人重用。但是聰明伶俐的人，做事儘管明快果敢、洞燭機先，受人讚賞；如果在做人方面，也是處處表現精明幹練，甚至玩弄手段，往往有失厚道。所以，一個人再怎麼聰明能幹，當在待人之際，有時候不妨『難得糊塗』；懂得『明機巧而不用』的人，這種蘊藉的智慧，有時反而更加令人激賞。」

韓式辣炒年糕其實可以不用加入白芝麻及青蔥，但有了這些畫龍點睛的食材才能讓年糕的風味更加多層次，也才不致吃幾口就會膩，這也是這道國民美食可以歷久不衰風靡至今的原因。

聰明的人不妨學習一下韓式辣炒年糕的做法，適時地聆聽以及採取別人的見解，好比白芝麻及青蔥的調味，才能讓品牌更加茁壯。

韓國媳婦的貼身食譜：韓國辣炒年糕

一、食材：

1. 韓國條狀年糕 1 包

2. 韓國薄片魚板 100 克

3. 青蔥切段、芝麻適量

4. 醬料：韓國辣椒粉、韓式辣椒醬、醬油、砂糖、水適量

二、作法：

1. 在鍋中加入水、條狀年糕、韓國辣椒粉、韓式辣椒醬、醬油、
   砂糖、薄片魚板，開大火煮 1-2 分鐘，再轉小火煮 10 分鐘。

2. 確認年糕煮軟後，加入蔥段及芝麻即可完成。

溝通小提示

過於聰明的人就像是太想表現自我的辣炒年糕，整盤
的焦點只有韓式辣椒醬而已，整盤品嘗不到其他食材
的味道。唯有透過專注的聆聽才能開啟有效溝通的
第一步！

第九章

創造「+1」價值的辣蘿蔔泡菜

　　疫情的影響，讓許多人往往在家中藉由追劇來排遣無聊，追韓劇同時經常可以發現韓國家庭餐桌上的韓式泡菜種類繁多，眼花撩亂，其實若按材料分類，韓國泡菜種類大約有上百種，不過大家可能比較不知道的是，其實蘿蔔泡菜反而在所有韓國的泡菜食材中是最多的，算一算可以有高達六十幾種。

　　這當然和韓國出產蘿蔔有相當大的關係，此外蘿蔔的種類也相當多，可以製作且變化出的蘿蔔泡菜種類，也就相對比其他的蔬菜泡菜更多。

　　對於老一輩的韓國人，像是我婆婆一樣年紀或更年長的韓國媽媽來說，每年非常重要的季節，便是秋冬季節與家人一同製作泡菜的時光，為了要準備過冬及過年前，過去幾乎家家皆會準備自己做泡菜及辣蘿蔔。韓國人極愛面子，過去的年代，家庭主婦會認為，跟別人家要泡菜和醬類吃，是很讓人丟臉的事情，所以自己家庭一定要會做泡菜，因此演變出各家的泡菜在口感上都會有些不同。

　　在韓國，我婆婆的泡菜可以說是親戚鄰居中公認做得最道地及具有傳統口感的一位，正因為如此，來到臺灣後，許多韓國親戚會直接向我婆婆訂購，或到婆婆家中大夥一起做，一方面可以聯絡感情、敘敘舊，一方面又節省備料上的麻煩，更可

吃到好吃的泡菜過冬，一舉數得。

　　婆婆在計畫採購大白菜的同時，一定也會同時統計製作辣蘿蔔泡菜的數量，並且一起製作，更告訴我傳統韓國泡菜中，必須加入一些切片的白蘿蔔增加口感，加入了蘿蔔後的泡菜，可以擺放得更持久，且味道不容易變酸，因此我們家所做的韓國泡菜中，一定會看到些許切片的白蘿蔔。

　　我總覺得辣蘿蔔這個泡菜非常有趣，總是帶著「+1」的功能，既可以獨當一面成為一道讓人喜歡的小菜，又可以與其他蔬菜像是韓國大白菜，做出讓人喜愛的韓國泡菜相得益彰，有了它的加入，讓韓國泡菜更加美味。

　　這讓我想起過往在外商與許多不同部門主管相處的經驗，每個部門都希望企業總部能看到其優秀的光芒，帶來業績的成長，在外商文化中每一季的審核，都會將各部門的業績或表現，赤裸裸的攤在管理階層眼下做一評比，因此各部門無不爭相競技。

　　公關部門基本上是站在更高的角度，以品牌領導者思維去安排活動，而我的策略便是突顯自己公關的價值，做到增加「+1」的價值，也就是說我會利用每季所重視的產品或議題項目，讓每個業務主管每一、二季，皆可利用不同的議題增加其

曝光度，擴大話語權並且讓更高層的管理階層能夠看到。

　　在這樣以雙贏的策略經營下，不但和許多業務主管建立起良好關係，在許多的項目上若經費上許可下，也會主動「+1」增加包含公關或行銷上的活動。

 羅潔小叮嚀

> 樂當辣蘿蔔「+1」的思維，不管是企業端跨部門溝通也好，還是個人公關的雙贏策略，因主動積極幫助別人所建立長久良好關係，有助於未來發展！

　　QR 也是我所認識一位相當懂得利用「+1」哲學的主管，當時我所負責的是大中華地區的公關主管，而 QR 則是負責澳洲與紐西蘭區域的公關主管。在一次的國際會議中，來自全球各地的公關主管聚集一起，分享如何在不同國家中經營公關策略，許多地區的公關主管暢談如何與地區總經理舉辦重點活動的同時，我卻發現 QR 與我雖然在地區文化、經濟及業務重點上不盡相同，然而討論起來卻發現很多地方相同，特別是運用「+1」的公關策略方面。

　　除了舉辦大型活動外，我們更擅長跨部門協調，雖然業務

重點很多，未必每次皆能突顯出每個內部行業業務主管的優勢，但我們會運用業務「+1」的機會，和各行業部門主管建立深厚的工作友誼，並且為未來的計畫埋下益苗，往後可以慢慢孕育茁壯。

QR 曾經告訴我：「公關是長期經營的事業，用心經營與不同部門同事的每一段關係，以雙贏的心態看待各個部門的互動關係，總有一天可以合作，激發不同綜效（Synergy）。」

個人品牌的經營上，也是需要整合「+1」的思考模式，過去的職涯中，我看過相當多懂得向上經營管理的主管，但在橫向領導力方面，也就是和其他部門之間的橫向聯盟部分卻非常弱，視不同部門為敵對關係，利用各種機會打壓其他部門。其目的是為了突顯自己部門的優勢，鞏固其在企業體內的地位。

雖說升官加薪可能在短期立竿見影，但人生是長久的，職涯必須是禁得起檢驗的，不懂橫向領導力的人，恐怕難以成為優秀的領導人。

懂得經營人際關係的人，其實也在經營個人品牌的延伸，經營人際關係的同時，培養出比別人多想一步，幫助別人「+1」，共創雙贏，是我的個人品牌策略，往往在實施的同時也贏得別人的友誼。這也就是在職涯中，在每家公司幾乎與人

資、財務、不同業務部門、總務、祕書等等部門的窗口在離開企業後，仍然保持聯絡，成為好朋友。

看著即將做好的辣蘿蔔泡菜，仔細地來看白蘿蔔這個蔬菜，對人體健康益處良多，其中含有的蘿蔔硫素、芥子油苷、異硫氰酸酯等營養素，最好的烹調方式是用醃製反而能保留較多的營養，根據 2007 年發表在國際知名期刊《Food Chem Toxicol》的研究就發現，白蘿蔔、花椰菜等十字花科類蔬菜，在水煮下容易造成芥子油苷的流失，且比例高達 90%。

個人品牌的經營亦是如此，我們深知自己存在的價值，如同白蘿蔔中含有豐富價值的營養成分；更了解我們對品牌的認知及對公關的操作，可以幫助到其他部門的同事，但是業務部門的主管，未必有橫向領導的認知。想要影響業務同事或主管的行為，要讓他們知道品牌的重要，反而不能擺出高人一等對公關瞭若指掌的架勢，而是以平等的身分，把具有說服性的訊息、分析、思想和建議提出來，共同協商，以雙方互惠的立場，設定好共同的目標，最後提出具體事證。

例如：平面媒體或電視媒體的曝光量、品牌知名度提升……等統計數字加以證明，並達到宣傳及業績成長的目的，最終所有人都會受益。

羅潔小叮嚀

有效的說服是以平等互惠的原則，以雙方互惠的立場，設定好共同的目標，最後提出具體事證，達成雙贏局面！

 韓國媳婦的貼身食譜：韓國辣蘿蔔

一、食材：

1. 白蘿蔔 2 根約 5 公斤重

2. 水果配料：蘋果 2-3 顆、水梨 1 顆、栗子 100 克、白蘿蔔片 100 克、青蔥 1 小把約 30 克

3. 醃料：韓國辣椒粉 150 克、魚露 100 克、蒜末 100 克、薑 30 克、蝦醬 100 克

4. 鹽 300 克、糯米粉 100 克

二、作法：

1. 白蘿蔔切塊狀、蘋果切片、水梨切片、栗子切片、青蔥切斜條備料。

2. 白蘿蔔塊狀撒鹽、靜置一夜，大白菜在軟掉入味後用開水把鹽給沖洗乾淨（沖洗 2 次到乾淨）。

3. 將瀝水後的白蘿蔔塊與水果配料、醃料混合。

4. 糯米粉加入開水 100 克，煮開後放涼成為糯米糊，抹上混合後的白蘿蔔塊。

5. 裝盒放 2 至 3 天入味，即可食用。

溝通小提示

運用「+1」的公關策略，跨部門溝通時從縱向管理轉向橫向管理，成為雙贏的關鍵，如同辣蘿蔔泡菜一般，既有自己的獨特價值，又能和大白菜泡菜不違和，激發不同綜效的美味！

第十章

尋求內在對話的韓式醬燒馬鈴薯

個人非常喜愛體育賽事，舉凡 NBA、MLB 或是熱門播出的網球賽事，只要有空，必定不想錯過精彩冠亞軍的比賽。最近剛好遇到這個時節所播出的法國網球公開賽，看到相當多好手精彩的球技對決，其實大部分好手的球技都不分上下，到最後競賽勝出所比的反而是選手的心理素質。

其中一位晉級到冠亞軍賽的俄羅斯女子俄國 31 種子帕芙柳琴可娃（Anastasia Pavlyuchenkova）在專訪時就曾説道，她與教練團曾經針對自己的網球生涯全面性仔細客觀分析，發現自己本身無論在球技、身材、教練、運動環境等等條件，在女子選手中都高人一等，之所以未能進入全球女子種子排名前十的最大原因，在於心理層面，因此遇到一些重要賽事往往無法拿下獎牌，為了這個原因教練團雇用一位專業心理老師諮商，讓她在每次上場前增強自信心、信心滿滿。

更讓人印象深刻的法網頂尖對決，是由男子網球高手球王喬科維奇（Novak Djokovic）和紅土之王納達爾（Rafael Nadal）在 2021 年的法國網球四強上演第 58 次交手，過去喬科維奇以 29 勝 28 負戰績上稍稍領先。

其實兩人勢均力敵，並且在法網紀錄中兩人 8 次交手，喬科維奇就輸了 7 場，最後我們卻看到比到是球王喬科維奇戰勝

紅土心魔，最終克服對戰劣勢，以 3 比 6、6 比 3、7 比 6、6 比 2，鏖戰 4 小時 11 分鐘晉級決賽。

喬科維奇更在冠亞軍賽事中再度證明他超強大的自信心及鬥志，以先輸兩盤，然後連贏三盤打敗希臘名將西西帕斯（Stefanos Tsitsipas），拿下冠軍及生涯第 19 座大滿貫賽獎盃，追上男子網壇傳奇愛默生（Roy Emerson）和拉佛（Rod Laver）的紀錄，成為史上第三位在四大滿貫賽都贏過一次以上男單冠軍的選手，創造新的紀錄。

面對職場上也是如此，我看過許多優秀、聰明、各方面條件都相當不錯的職人們，在職場上用盡各種方法想出人頭地，遇到挫折或挑戰時，如何突破僵局？很多人尋求算命的方式、或看星座、紫微斗數，想藉由命中注定來趨吉避凶，有人沉迷於購買大量水晶、開運物找到心靈慰藉，更有人因為遭受到打擊必須求助於心理醫生。

回想起來，如何能安然度過職場上的風風雨雨，說真的在我看來最終還是要靠自己、靠著強大的自信心才能過關斬將，有所作為。我自己也是經歷過非常多的職場戰役，一路走來覺得自我對話是非常受用的方式，養成經常自我對話的習慣，三不五時給自己加油打氣，激勵自己，才能迎接下一場戰役的來臨。

　　還記得在一次漫長的企業面談經歷，從人資到各部門的主管，加總起來需要面試需要七次關卡，歷經三個多月的時間，每次的面談大約一到五位面試官不等，面談時所問的題目更是琳瑯滿目、五花八門中英文皆有，一路過關斬將最後拿到工作。

　　回顧這段經歷，根據獵人頭公司之前的說法，光是投遞的履歷就有近百位，或許和我一樣擁有類似學歷、經驗的人不少，但是最後勝出的重要關鍵，我的結論應該就是自信心，加上過去類似經驗以數據方式整理成功說服面試官，以及面談時的對答得宜、從容不迫，以及對於企業所關心的公關及行銷議題目標明確，精準提出企業所需解決方案等等，最後才能成功地進入我所嚮往的外商企業工作。

　　看著法網的頂尖高手對決時，除了精彩好球外，不能放過的精彩畫面在我來看就是他們每打完一球後的自我對話，不管是打出漂亮好球，或是打不好時的加油打氣，都可以看出來自我對話的重要性。

　　鍛鍊出自我對話的習慣，是我很早進入職場時就養成的方式，小時候總是代表班級去參加演講或朗讀比賽，後來代表學校參加校際比賽，幾乎每年都參加比賽，臺下坐著師長、同學及其他年級學生近百人，當時年紀還小，在上臺前腦海中總是會有一

些負面的聲音出現，「表現不好，老師、同學會失望。」、「忘記臺詞了，該怎麼辦？」、「搞砸了該怎麼辦？」、「沒關係，我盡力就好！」、「失敗了是不是很丟臉！」之類的，這些聲音或多或少影響到我的表現。

進入職場後我發現，要消滅這些負面聲音，其實還是有許多方法，重要的方式是靠著學習自我對話，自我溝通，並且加上呼吸的調整，經由這些適當的準備工作，自然也就不怕上臺演講、報告、講課、提案、比稿等等的工作了！

如何培養自我對話的能力，甚至進一步做到自我溝通，提升競爭力呢？密西根大學伊森・克洛斯（Ethan Kross）博士發現，自我對話是重要的大腦功能，影響記憶力、注意力，甚至會影響到我們的社交能力。

疫情影響下，大家在家工作變成新常態，職人們有更多時間獨處，雖然一樣的忙碌，但就自我對話的角度來看，時間更加的充裕，然而如何不浪費時間，並將自我對話功能發揮到極致，以避免陷入負面情緒的深淵呢？

ST 是我認識的主管中，以分析事理著稱的一位主管，在與他共事的期間，從未見過他發脾氣，非常懂得處理負面情緒，當時我剛從媒體業轉戰公關產業，除了要處理自己本身角色轉換適

應上的問題，加上因為所處部門是新事業體，與媒體接觸頻繁，及經常需要舉辦各類型的媒體活動，忙得不可開交。

再者為了拚業績各部門間的意見分歧，溝通協通更是煞費苦心，經常面臨需要跨部門解決許多的問題，每天情緒上的反應，可以說如洗三溫暖般上下起伏頗大。

ST 在當時是個冷靜、沒有什麼情緒的主管，我非常好奇他如何能如此理性的處理所有事物，在一次聚會場合中面對面時，我向他問了這個問題，他告訴我，他喜歡在考慮任何事物時，把最壞的情況用文字寫下來，自我對話，把自己角色跳脫出來，以一個第三者的觀點，甚或是以敵對者的角度來看整體事件，客觀的分析，看到最壞的結果，反而可以積極地尋求解決方案，以這樣的思考角度與別人溝通。

回想起第一次吃到婆婆所做的韓式醬燒馬鈴薯，簡直驚為天人，獨特的口感且帶有沉穩收斂的味道，讓人回味無窮，婆婆的做法與食譜，和美食節目上所分享的韓式醬燒馬鈴薯在備料及作法上些許不同。當我站在婆婆身旁，學習著如何做這道料理時，婆婆告訴我這道菜的訣竅是備料時必須使用小魚乾，並且要將其磨成粉，加入醬燒調味料，包括白糖、醬油、蔥末、蒜末、芝麻油、黑胡椒粉……等等慢慢的熬煮，但是要馬鈴薯

入味好吃，一定要用小火燉煮，以及不停攪拌使其入味。

　　這樣一次一次的攪拌過程，其實也有如反求諸己的對話心理過程一樣，心情上一次又一次的翻滾，找到自我的信心，因此當我面臨重大壓力時，以下的四個步驟，可以幫助我建立起自信心。當然這是我的方法，或許職人們在參考之餘，也可以研究出適合自己的方法：

一、學會腹式呼吸法，並在自我對話之前，先進行十分鐘腹式呼吸

　　「腹式呼吸法」對於喜歡修禪、冥想或瑜伽的人應該不陌生，所謂腹式呼吸法是指吸氣時讓腹部凸起，吐氣時壓縮腹部使之凹入的呼吸法。

　　正確的腹式呼吸法為：開始吸氣時全身用力，此時肺部及腹部會充滿空氣而鼓起，但還不能停止，仍然要使盡力氣來持續吸氣，不管有沒有吸進空氣，只管吸氣再吸氣。

 羅潔小叮嚀

運用腹式呼吸法減輕壓力，讓副交感神經取得平衡，進而幫助身體放鬆！

根據醫學百科裡面對於腹式呼吸的好處整理之後則是：

1. 減輕壓力

呼吸與自律神經之間有相當大的關係，一般緊張時呼吸容易是淺短急促會使得身體感到疲憊，也會累積更多的壓力。而透過「腹式呼吸法」可以達到緩慢且深沉的呼吸，讓副交感神經取得平衡，進而幫助身體放鬆。

2. 燃燒皮下脂肪與內臟脂肪

運用腹式呼吸法時，會將深沉且大量的氧氣吸入腹部，使得橫膈膜上下活動、相對的也可以讓腹部周圍的內臟受呼吸節奏的刺激，並促進血液循環與加快新陳代謝，如此一來便可燃燒脂肪、不易囤積，許多人運用在減重時搭配使用。

3. 促進消化功能、改善血液循環與腰痠背痛

透過腹式呼吸的「吸氣」與「吐氣」時，腹部會上下起伏，可達到按摩內臟的效果，也能進而改善腸胃不適的症狀，也可促進血液循環順暢。持續練習一段時間後，還可以治療疲勞、免疫力失調、腰痠背痛，對於便祕、大腸激躁症、高血壓、心血管疾病、消化性潰瘍、壓力性頭痛等身心症皆有很大的幫忙。

此外，腹式呼吸法也可以減輕腰痛症狀，一般來說彎腰駝背的不良坐姿之下，氣無法到達腹部，所以透過腹式呼吸可以矯正坐姿，進而改善腰痠背痛的症狀。

4. 保護喉嚨，發聲宏亮不費力

利用腹式呼吸法，將腹部空氣往外推產生較大的氣壓，這樣發出來的聲音會比較宏亮有力，透過這樣的方式可以較不費力的加大音量，並且保護喉嚨不受傷，最常使用在唱歌或鍛鍊聲音上時使用。

二、將惱人的困擾或是問題寫在紙上，客觀運用「優缺點、利弊」（Pros and Cons）分析法

誠實的面對問題，將利弊得失以條列的方式清楚的寫下來，也可以將短期、中期、長期優缺點一條一條列舉下來，這個步驟可以幫助自己釐清所面臨問題的方向和具體內容。

三、自我對話並大聲說出來

根據心理學家 Linda Sapadin 的分析，對自己大聲說話有其必要性因為：「它幫你釐清思緒，知道事物的重要性，使你

更好做決定。」

　　由於所説的都是自己的問題，因此不必害羞，勇敢地大聲説出來，如此一來，反而這些對話內容可以幫助思考，集中注意力，找到具體可行的解決方案。

　　除此之外，更建議可以將鼓勵自己的對話，大聲唸個幾次，讓自己確切的聽到，反而可以強大自信心，讓自己成為自己的啦啦隊！自言自語不如大聲説出來，多説幾次後，大腦會自動將所想要經歷的情境輸入人體系統中，並朝向正面思考，對提升自信心相當有幫助！

　　若有企圖心的想求某些事物，就勇敢地承認它，並大聲的説出來「我想要……」如此一來便可加強意念，向自己成功的目標前進。

四、不斷練習自我對話

　　通常若是自我對話只做個幾次，並不能有什麼功效，因為自己都感覺生疏不自在的話，其效果必定打折，歷史上其實充滿了與自己交談的天才，愛因斯坦就是最好的例子。正因為他的高智商，能夠了解他並與之可以溝通或對話的人太少，也只有靠著自己的對話去尋找科學上的答案。

　　我們也只是一般的凡人，唯有靠著不斷的練習，達到熟能生巧的目的，聆聽內心的聲音，放膽大聲的說出來，才能逐漸地建立自信心，成為內心強大的選手！

 羅潔小叮嚀

對抗壓力首先學會腹式呼吸法，其次客觀運用「優缺點、利弊」（Pros and Cons）分析法，進行自我對話，大聲說出來，反覆練習，最後是積極行動！

　　婆婆在廚房叫我了，看來經由不斷燉煮，一次又一次地確認，馬鈴薯反覆的吸收了醬料美味，韓式醬燒馬鈴薯已經入味煮好，可以端到餐桌了，馬鈴薯與小魚乾的香氣，充滿整個餐廳。

　　自我對話如同馬鈴薯般經過反覆的思索，是一個心靈沉澱、反思、強化自我、淬鍊、突破、鼓舞的過程，選手反覆練習，為的是在各大比賽中，拿到最佳成績，自我對話的過程中更是為了在生活、職場上表現出最佳表現，減緩緊張焦慮，發揮所長，展現實力！

韓國媳婦的貼身食譜：韓國醬燒馬鈴薯

一、食材：

1. 馬鈴薯 2 個

2. 醬燒配料：小魚乾磨成粉（20 克）、蔥、鹽、醬油、辣椒粉、香油適量

3. 蒜 2 顆、芝麻適量

二、作法：

1. 馬鈴薯切片約 0.2 公分。

2. 用水沖洗掉馬鈴薯黏液。

3. 將馬鈴薯片泡於開水中。

4. 將泡水馬鈴薯片放入鍋中，加入醬燒配料中火煮到水乾。

5. 將蒜切碎，及芝麻放入鍋中攪拌完成。

溝通小提示

自我溝通對話必須仿照韓式馬鈴薯的小火燉煮，一次又一次的攪拌過程有如反求諸己的對話心理過程一樣，心情上一次又一次的翻滾，找到自我的信心。

第十一章

聲聲清澈的水泡菜

　　韓國小菜中大部分都是辣的眾所周知，但有一道完全不辣、卻是臺灣人比較不知道的小菜就是「水泡菜」，在臺灣的韓國餐廳一般也很少有。這樣小菜要做的傳統道地，非常耗工並且用料多，一般的韓國餐廳小菜因為都是吃到飽，因此在韓國餐廳很少會看到過水泡菜。

　　婆婆喜歡遵循古法並且在夏天的時候做這道非常養生的水泡菜，清涼消暑搭配熟食非常對味，家人上桌往往一餐可以吃掉大半桶的水泡菜，水泡菜是一道需要時間的淬鍊，前置準備工作時間花費也比較長，剛剛做好的水泡菜還需要放在冰箱七到十天慢慢發酵，才能真正入味好吃。因此不光是韓國餐廳，就算是一般韓國家庭也比較少做這道泡菜。

　　水泡菜在挑選大白菜上同樣需要精選上等的大白菜，我們會選用來自韓國的大白菜，一個大白菜約有 2 到 4 公斤重左右，先將鹽均勻灑在大白菜上，讓水份略為脫水，隔天將大白菜用開水洗淨，再將配料（蘋果、水梨、白蘿蔔、蒜、蔥、栗子）和洗米水加入。因為依照傳統古法，在醃製的過程中完全不加糖，而是加入水果自然發酵而成的水泡菜，才最為養生。

　　日本農學博士辨野義研究韓國及日本的水泡菜多年，他在書中曾提到，從韓國傳統家庭料理傳入日本，進而成為日本人

口中最夯的「腸活」聖品，就是「水泡菜」了！

　　水泡菜的營養成分最主要是因為水泡菜所含的乳酸菌比優格、日本傳統醬菜或是韓國正統辣泡菜的乳酸菌多達 2 倍到 18 倍左右！之後有日本營養師針對水泡菜的做法與營養成分，分析了水泡菜能讓乳酸菌倍增的祕密：

一、洗米水成分讓乳酸菌倍增

　　水泡菜最大的特色是用洗米水去醃漬，洗米水成分當中含有米糠，可以引誘蔬菜本身含有的乳酸菌出來，讓發酵的威力增強、乳酸菌因此也能增量！如果不想用洗米水的話，也可以透過少量米粉倒入鍋中，加熱溶解至白色透明狀，同樣有誘發乳酸菌發酵的效果。

二、植物性乳酸菌好吸收

　　水泡菜透過誘發蔬菜的乳酸菌發酵，會誘發出植物性乳酸菌。這些植物性乳酸菌對腸胃來說好吸收，可以輕鬆抵達腸胃、調整腸胃環境。

三、蔬菜的營養也倍增

　　比起直接吃蔬菜，水泡菜當中蔬菜的營養量也因為發酵過後而增加！做好後放到冰箱冷藏七到十日，韓國家庭很多把它當成常備菜，每餐都可以拿出來當成一道菜來吃！

　　根據日本農學博士辨野義所做的調查結果表示，水泡菜中含有的植物性乳酸菌──柔嫩梭菌能修復腸道黏膜、提高免疫力，比菲德氏菌可以幫助消化與蠕動，這兩種菌在高齡者的腸道特別多，因此又被稱為長壽菌。而水泡菜也可以增進體內長壽菌的增加，進而達到長壽的效果！

　　蔬菜透過發酵，許多維生素、礦物質、膳食纖維也透過發酵被激發出更多含量，多補充水溶性膳食纖維，也能降低膽固醇，降低中性脂肪對身體的危害。

　　也因為種種的效果，讓「水泡菜」從韓國也風行到日本了，水泡菜可以一次補足乳酸菌與膳食纖維，被日本專家喻為越吃越長壽的泡菜，腸胃好可以幫你預防九成左右的疾病。除此之外，我個人在吃了多年的水泡菜，因為它不辣且生津潤喉，對聲帶的保養很好，不禁讓我想起聲音在人際溝通時所扮演的角色與

影響力。

　　有位年輕職人 UV 聲音非常輕柔，在一次績效考核會議中，主管們所給予她的評分都不錯，但當我請她列舉出三項需要改善的事項時，她卻提出一件讓她挫折感很重的實例，我問她是甚麼事情如此困擾著她？

　　她告訴我，最近負責一項專案並做其窗口，但發現當她所要求合作夥伴們遵守交報告時間也好，或是其他配合事項也好，都沒有人要理會她的指令，讓她覺得不受尊重。反觀若是主管們打電話要求合作夥伴，他們卻能遵守期限（deadline）並交報告。

　　我仔細地詢問了一下細節，加上平日對她的觀察，發現其中一項關鍵要素在於 UV 的聲音細如游絲，因此在她與合作夥伴溝通時，或傳達指令時，她所說的話以及語氣的表達方式往往造成對方不將她的話語當成重要事項來完成！

　　我個人相當重視聲音的傳達，特別是在人際溝通的過程中，聲音其實和人一樣，不僅有表情，它更有情緒，若掌控得宜，更是一項溝通的利器！聲音更可以經由練習，當成是個人品牌的一部分，平時用心磨練，才能加以發揚光大。

　　由於我的職涯中曾在媒體、企業端、公關公司端都有過歷

練，因此對於聲音傳達的力量有更深一層了體悟，記得在媒體圈工作的時候，根據我家人的說法，當時我說話的方式總是簡潔有力，速度快，聲音音階較高及語句多半是疑問句，比較沒有那麼愛表達我的想法或看法，對許多事情喜歡提出質疑或問題。

而當我到了公關業時，家人表示我的整個說話的方式也改變了，聲音豐富表情多且語句多半是正向肯定句，說話速度也較慢，也更傾向把情感、想法及喜好表達告訴家人。

可見得行業類別，生活型態都會影響到職人聲音的表達，因此之後在追尋自我認知、研究個人品牌及人際溝通上，更認為聲音表達是一項重要的項目。

記得早期從事電視工作對於聲音的要求就有很深的體認，早期電視對於電視從業者聲音的品質要求非常高，當時曾在中視《九十分鐘》擔任專題採訪記者，以及在電視臺製作節目時，除了要有正音的訓練外，其實還有一部分是訓練「聲音的表達」及「練氣」的功夫。

「聲音的表達」可以藉由想像自己就是敘述故事的男主角或女主角，展現出主要人物的個性及情緒。這也是我相當喜歡的一環，藉著聲音的傳達，我似乎也同樣地經歷過他們故事的遭遇，情境想像得越透徹，聲音情緒的表達就更精準。

　　而「練氣」則是經由呼吸吐納的方式，並將前面所談到運用「腹式呼吸法」練習發聲的氣將之拉長，拉長聲音可以讓呼吸的次數變少，更可鍛鍊出聲音的長音，也不容易聽出換氣聲。還有就是有如練唱般，把聲音的高低階音分辨出來，將高、中、低的聲音發出來，練習到每一種音階發出的聲音都是沉穩平靜的。

　　有人可能說，若是天生的娃娃音，就不能鍛鍊聲音了嗎？但是事實上我們看到，即使是著名的娃娃音如名模林志玲，她在電影《赤壁》中的配音，收起了娃娃音，仍然可以因為練習而達到低沉的小喬聲音而展現演技。所以任何人在個人合理的音域範圍內，仍可練習出屬於自己的音域，讓自己的聲音宏亮有力、中氣十足。

　　自 2020 年疫情爆發以來，職人們有更多時間利用電話會議或是視訊會議開會，在這樣的情況下，有時對方可能只能藉由聲音理解你的內容，或是加上輔助網路攝影機聽到對方的聲音，聲音不再是配角，而是躍出成為主角，職人們不妨思考一下你希望對方聽到的你的聲音所表現出的你的個性為何呢？是活潑？是沮喪？是專業？是正面？是負面？是想呈現出氣場強大的中氣十足？還是細如游絲呢？

　　之前談到職人們應盡早樹立起個人品牌，聲音的鍛鍊也應

趁早規畫在其中。

　　希臘哲學家 Galen 曾說：「聲音是一個人靈魂的反射鏡」，臺灣名店鼎泰豐花費百萬聘請了知名聲音訓練師讓員工接受聲音訓練課程，除了每天開店前的發聲練習、教員工保護聲帶，更訓練服務人員變身情緒訓獸師，「用聲音梳順客人身上張揚的毛。」可見聲音訓練的重要！

 羅潔小叮嚀

用心觀察別人的聲音，打造出具有影響力、個性化的聲音，成為具有魅力品牌的一環！

　　很多職人會問那麼該如何開始訓練聲音呢？很多人為了讓聲音好聽，刻意的矯揉做作，不自然的咬文嚼字或字正腔圓，反而給了對方太過刻意的感覺，形成反感；有人為了顯示權威，刻意壓重聲音，對方反而覺得太過強勢，反而不想表達出內心的看法；也有人刻意示弱，背後則是暗藏著不滿情緒；有人毫無表情的聲音，則是給人冷血的感覺。

　　想要訓練自己聲音，把強大的磁場與能量同時傳達到聲音的部分，首先要學會用心聆聽別人的聲音，觀察別人的聲音，

我個人覺得可以先從廣播頻道中的廣播劇中人物去聆聽。為了清楚表達劇中人物，劇中人物的聲音都表達的非常到位。

除了聲音的本質外，說話者的行為也是觀察的重點，發聲說話時若是喜歡搶話者，必定是急性子；說話者若沒有耐心急著插話者，給人壓迫感過重，恐怕溝通的對象都想急著逃走；說話者若是聲音小聲且閃閃躲躲，恐怕對方會覺得說話者不誠實；藉由觀察別人的聲音可以揣摩出最適合自己表達出的聲音和行為。自己聽起來覺得舒服的聲音和溝通模式，必定對方也是會抱持著相同的觀感。

日本人將韓國的水泡菜發揚光大，研發出種類繁多的水泡菜，而我們的聲音也如同水泡菜一般是可以帶有千變萬化的表情，在仔細觀察完別人聲音後，我們可以擁有更多自信回應給對方。

其次，在練習聲音的掌控上，首要必須宏量發聲，聲音發不出來，往往給人唯唯諾諾的感覺，聽起來就有如心虛般，因此不管在任何時候，在人際溝通的過程中，利用聲音建立起信任感，就必須要練就出宏量的聲音，尤其許多女性職人容易忽略掉這個部分，平時不妨經常利用錄音設備將自己想講的話錄製下來聆聽數遍並修正，尋找出最適合自己表達的聲音。

溝通的過程中切記不要草率的聲音去溝通，要先想好溝通的目標以及目的，情緒上更是要不疾不徐，仔細觀察對方聲音，讓聲音與內容相輔相成，發揮最大的成效！

 羅潔小叮嚀

平時練習將想說的話錄音起來反覆聆聽，或試圖説一個故事並錄製下來聽聽看，找出自己聲音的特色，打造自己的聲音品牌！

 韓國媳婦的貼身食譜：韓國水泡菜

一、食材：

1. 韓國大白菜 1 顆約 2-4 公斤重

2. 配料：蘋果 2 顆、水梨 1 顆、白蘿蔔、栗子 100 克

3. 米（取洗米水）100 克

4. 開水 500CC

5. 薑、蒜適量

6. 蔥段適量

二、作法：

1. 將大白菜對半切。

2. 再將鹽均勻灑在韓國大白菜上，讓水份略為脫水。

3. 隔天將大白菜用開水洗淨。

4. 把 100 克的米用水洗兩次後（水可能較髒，因此不用），取第三次的洗米水，加入開水 500CC。

5. 將薑、蒜用果汁機打碎。

6. 將配料（蘋果、水梨、白蘿蔔、栗子）切絲一片一片放入菜葉中，加入蔥段、打碎的薑、蒜。

7. 拿一個容器將大白菜、配料、蔥段、打碎的薑、蒜皆放入，加入洗米水要淹過食材。

8. 水泡菜需要再室溫下靜置一天，接著冷藏三天即可食用。

品牌小提示

不要小看聲音的影響力，找出屬於自己的聲音品牌，如同清澈的水泡菜；打造出具有影響力、個性化的聲音，成為具有魅力品牌的一環！

第十二章

窈窕有形的涼拌橡子涼粉

　　橡子涼粉是韓國江原道的傳統風味美食，記得在疫情爆發以前，每年都要與婆婆回到她的老家好幾次，也就是在江原道附近的一個城鎮，在地韓國親戚在夏天最喜歡端出來的小菜。

　　除了泡菜以外，最常端出來的就是涼拌橡子涼粉。這個長相不是太好看卻是相當健康的一道小菜，讓我很想研究一下它的成分。橡子基本上是橡樹的果實，橡樹可以活到一千年以上，有些還高達 40 公尺以上，老橡樹的樹幹非常粗壯，樹枝伸展的範圍很寬，看起來相當高大。

　　全球約有四百五十種橡樹，韓國天氣寒冷，種有許多不同種類的橡樹，經常可以看到小松鼠在橡樹上爬來爬去。所有橡樹都有一個特色，就是它們的種子都很小，又叫做橡子。

　　橡子是小松鼠最喜歡吃的果實，而橡子涼粉是從橡子果實中提煉出來的粉末，再由粉末煮沸後出來的一道飲食，在韓國是很受大家歡迎的一樣菜，現在的韓國媽媽們已經可以不用自己辛苦的磨製橡子粉末後再製作橡子涼粉，在一般菜市場或大賣場，皆可買到現成裝盒的橡子涼粉。

　　橡子涼粉若不加配料時，看起來灰灰綠綠的，單獨吃時帶些微微苦苦的口感，但是婆婆為了增加口感，會配上一些蔬菜及淋上用韓國辣椒醬，加上醬油、水、糖、蒜碎、魚露、辣椒粉、

香油混合均勻，蔬菜則可選用紅蘿蔔、小黃瓜、生菜、紅椒、洋蔥等，搭配起來都很對味。

橡子涼粉熱量低，根據營養學家的研究，100 克約 45 卡左右，對健康好處多多，例如幫助消化、排除身體毒素、恢復體力等功效，對於降三高很有幫助，而且低熱量又能充饑，因為淋上了開胃的辣椒醬及配料，酸酸辣辣甜甜的，所以深受韓國愛美女性的歡迎！

大家都知道，顏值姣好的女性職人投入行銷公關業的相當多，WX 在外商公司表現傑出，對於自我形象及體態要求非常嚴格，每次看到她略帶咖啡色健康的膚色，幾乎完美的體型，充滿個人魅力形象的穿著打扮，讓我相當讚賞。

我在她初入職人生涯時就認識她，看著她一路從一位英文祕書，不斷的向上茁壯發展，一步一步往上爬，做到業務部副總，除了看到個人的努力，專業技能的增長，更看到她對於形象管理的執著，與對自我要求的嚴格！在一次聚餐中，我好奇的問她：「美女，如何做到身材的維持？充滿了肌肉的線條？」

她給我看她的肌肉，她說：「為了維持完美的體態，特別聘請專業教練教導，並且十年如一日，形象是日積月累才能達成！」讓我印象深刻！

這不禁讓我想起韓國的練習生文化，韓國對於演藝事業的投入，將電影、戲劇、電視劇與韓國音樂、圖書、電子遊戲、服飾、飲食、體育、旅遊觀光、化妝美容等文化包裝成為一股世界上不容忽視的勢力，稱之為韓流，讓人不得不欽佩它的強大流行力量。

韓國演藝圈競爭激烈，近年來更是在全球演藝上占有一席之地，2020 年韓國片以《寄生上流》在奧斯卡一舉拿下了最佳影片、最佳導演、最佳原創劇本和最佳國際電影等四項大獎。2021 年韓國國民奶奶尹汝貞，更是獲得奧斯卡最佳女配角獎，讓全球看到韓國人的影片實力。

對於培養優秀的韓國明星，韓國演藝學院有著相當客觀的評定標準，大家以為韓國人重視美貌勝於一切，但是其實他們更在意的是個人形象的塑造。

個人本質與外在形象是有差距的，外貌對於培育韓國明星的學院來看，只占了四分之一，依據韓國祥明大學電影學系兼任教授金載燁，培育過超級明星像是裴勇俊、宋仲基等人的説法，認為要培養並成為一位大牌明星，必須具備四項條件：**長相、素質、氣質、資質**，綜合這四要素，才能找出「最適合的形象」，找出後將之極大化魅力，往往才是在眾多藝人中能成為明星的

最大決勝關鍵。

能夠持續在一線不斷發光發熱的明星，像是蘇志燮、宋仲基等人，為了維持個人形象，為了保住男神的位置，更是十年如一日的鍛鍊身型，光靠臉蛋還不夠，「穿衣顯瘦、脫衣有肉」的身材，更是專業形象的重要指標，這樣的毅力與決心，也正是我在 WX 身上所看到的，為了在職場中讓高層看到，立足全球的視野，提早做到個人形象管理極其重要。

2019 年美國網路調查公司 SurveyMonkey，曾針對 300 位在職工作者進行「自我形象與工作表現的關聯性」研究，結果顯示對自己的形象有自信的人，有更多機會與機率能在工作上獲得成功與更高的薪水收入。因為自信，所以能勇於挑戰自己，抓住機會便大展身手，而身形管理在我看來，就是建立自信非常有效的方式。

臺灣針對年輕的職人，由 yes123 求職網於 2021 年 3 月 3 日到 3 月 16 日，以網路問卷進行抽樣，調查 39 歲（含）以下，已畢、退伍（免役）會員，有效問卷共 1,275 份，其中男性占 649 份，女性占 626 份，信心水準為 95％，誤差值為正負 2.74％調查報告顯示，衡量有形的「金錢財富」（像收入、資產），與無形的「人生財富」（像家庭幸福、健康狀況），

自認目前是「人生勝利組」的，只占了 9.2%。

　　換算下來，大約是每 11 個人當中，僅有一位自認是人生的「溫拿 WINNER」。其餘自認是「人生平凡組」的，比例占 43.7%；還有自認是「人生魯蛇組」的，更高達 47.1%。從這個調查可以發現，臺灣年輕職人自信心低落，並且對於自我形象的塑造，處在一個不滿意但不知如何改善的地方，我給年輕人的建議是從最簡單的自我形象開始努力，營造自信心的開始！

 羅潔小叮嚀

年輕的職人在追求韓風文化的同時，不妨把自己當成練習生經營，像是經營韓星一樣的經營自己！

一、把自己當成韓星來經營

　　這一代的年輕人，可以說是非常的幸福，資訊取得更是方便多元，不若我們資深的世代，想要尋找到一個專業且適合自己的形象，都必須揣摩相當久的時間。過去參考的資料有限，反觀新世代在韓劇、韓風流行或西方文的推波助瀾下，有各種文化及風格的人物可以揣摩。

　　既然資料來源如此的多，不妨學習韓國影視圈的經紀公司，

提早把自己當成一位練習生，努力把自己當成未來的韓星，用心來經營自己，並在打磨自我形象中找出樂趣，首先就客觀誠實的面對自己的優缺點吧！

二、積極體態的管理

　　偶像級的韓星，看到不管男性或女性，對於身形的管理非常嚴格，《愛的迫降》女主角孫藝真年近四十，身形卻是從少女時代一路維持從未改變。男星更是不在話下，蘇志燮為了在電視劇中飾演健身教練，靠著嚴格飲食控制和每天 4 小時健身，兩個月內減掉 7 公斤。

　　另一名韓國男星李政宰，也是最近因《魷魚遊戲》大紅的男主角，年輕時演出電影中的年長特務，需要乾瘦身型，更是特製減肥餐，在兩個月內減掉 15 公斤。雖說真實世界的職人不用如此激進的控制體重，但是在職場上，對於自我的體態要求卻是有其必要。

　　職場主管面試的潛規則，不能說出口的祕密卻是體重過重給人懶散、不夠努力的刻板印象，雖說不可取也不一定真實，但是在第一印象上，當面試官不認識你的情況下，很容易落入這樣的不良印象！

三、維持運動的習慣

　　我的住家因在離捷運站只有 10 分鐘距離，因此維持了將近三十年走路到捷運站，並搭乘捷運上班的習慣。在如此漫長搭捷運的日子裡觀察到，近幾年來在年輕職人的族群中，越來越多體型呈現泡芙人的外觀，並都有體重過重的問題。

　　而在職場領域工作的上班族，我所看到的現象是普遍存在久坐的問題，一旦坐著就不想動，甚或去倒個水或是上洗手間的頻率都大幅降低，久而久之下半身的脂肪囤積，肌肉無力的職人，比例上也越來越多。

　　隨口調查一下，問一下身邊的職人們，更是發現大部分人會推說沒有時間運動，也就是缺乏運動的現象存在於職場，加上職場環境對於運動習慣的不友善，因此很難有空間及時間來加強運動。兩年前閨密和自己的母親更因為不愛運動，加上生活及工作面臨的壓力過世，更讓我驚覺運動的重要性。

 羅潔小叮嚀

積極管理體態，維持運動的習慣，職涯才能走得長遠，走得健康！

看著近幾年來愛美的女性職人們大多數是靠著少吃甚至用不吃的方法，來達到體重管理的平衡。不管是「168 間歇性斷食」還是「186 飲食減肥法」，在職場上盛行，著實考驗著職人們對飢餓的忍耐力，當然短時間還好，可以很快就瘦下來，但長久下來卻容易失去肌耐力，或是造成腸胃的負擔。

我個人較喜歡培養運動習慣，因為運動的好處不勝枚舉，許多專家都在許多書中提到：規律的運動習慣，對於生理與心理健康都有非常直接的正向影響，飲食控制的減重效果和運動是無法比較的，因為運動除了可以促進新陳代謝，讓身體更健康，更可以提高代謝率，幫助消耗更多熱量和燃燒脂肪。

而運動強度越高，燃燒熱量的效率也越高，但往往因為運動而產生的飢餓感反而更加明顯，我個人覺得韓國的減重聖品涼拌橡子涼粉，就是最好的充飢食品。

專家對於大腦及有氧運動的認知：大腦的重量約占人體總和的 2%，卻需要消耗人體約 20%左右的氧氣。大腦的運作能量主要來自葡萄糖的有氧氧化，若是大腦供血量和供氧量不足，理解能力、專注力、記憶力⋯⋯等智力思考的能力就會下降，此時透過有氧運動改善血液循環、提高血液含氧量，則可有效提升學習與工作的表現。

　　我自己施行有氧運動（Aerobic exercise）結合核心肌力訓練（Resistance training）的運動習慣已經近十年，發現對有氧運動對於腦內啡的啟動，有氧運動時大腦也會產生腦內啡，除了心情變愉悦、有助於穩定情緒外，也更能抒發壓力。

　　然而長期靠節食或不吃的方式達到體重管理的目的，在年輕的時候看不出差距，但是一到了中段班的年齡就會看出明顯的差距。我所見到有運動習慣的職人，普遍來說較有活力，自律習慣較嚴，也更加的活潑開朗。

　　藉由運動而瘦下或是維持著有肌肉感的職人，反而可以從外而內，提升自我形象。職人們不妨思考一下自己喜歡的運動，不管是稍微慢式的瑜伽或皮拉提斯也好，或是有氧肌力還是舞蹈的形式，都需要長期的經營，才能達到體態的美好及健康的目標。

韓國媳婦的貼身食譜：橡子涼粉

一、食材：

1. 韓國橡子涼粉半盒

2. 小黃瓜 1/4 條、洋蔥 1/4 顆、紅辣椒 1/2 條、紅蘿蔔 1/4 條、
   紅椒 1/4 條

3. 醬油 5 克、醋 5 克、砂糖適量、香油適量、白芝麻適量、辣
   椒醬適量、魚露 5 克、辣椒粉適量

4. 開水 100CC

5. 蒜碎 30 克

二、作法：

1. 韓國橡子涼粉半盒的量，切塊備用。

2. 小黃瓜、洋蔥、紅辣椒、紅蘿蔔、紅椒切片備用。

3. 醬汁：醬油、開水、醋、砂糖、蒜碎、魚露、辣椒粉、香油、
   辣椒醬、辣椒粉均勻調和。

4. 調好的涼拌醬汁加到剛剛準備好的食材中。

5. 將醬汁、涼粉及蔬菜均勻混合好即可端盤食用。

品牌小提示

把自己想像成未來的韓星來經營，從練習生時期把涼拌橡子涼粉當成維持窈窕體態的最佳夥伴，堅持運動習慣，職涯才能走得長遠，走得健康。

第十三章

展現開放姿態的涼拌黃豆芽

　　2020 東京奧運可說是一波三折，終於在 2021 年 7 月 23 日全球憂慮疫情的驚滔駭浪下，晚了一年登場，雖然臺灣依舊只能以中華臺北的名稱參賽，但是能看到臺灣好手站在體育最高奧運的殿堂上與全球選手角力，真是賞心悅目、振奮不已，特別是看到臺灣舉重好手郭婞淳在舉重女子 59 公斤拿下金牌，讓人印象深刻的是她那自信滿滿所展出的超強技能，創下抓舉 103 公斤，挺舉以 133 公斤兩項佳績創下奧運紀錄。

　　郭婞淳風光成績背後，藏著坎坷的成長故事，也在奧運中不斷地被報導。像是她出生時體重過輕、臍帶繞頸，倖存下來後又面臨全家債務等等，不過這些刻苦經歷並沒有打倒郭婞淳，在她奪得賽事獎金後，更將這些錢捐出去幫助偏鄉，因為她認為「人生不只是贏得比賽，而是幫助別人一起完賽」。這些品德都看出了金牌女子選手的高度，讓人佩服不已。

　　還記得媒體瘋傳一張由法新社所拍，郭婞淳在挑戰世界紀錄 141 公斤失利，倒地翻滾露出燦笑，這種充滿自信的笑容與眼神，在國際的賽事特別容易被看到，讓我回想起過往許多出國開國際會議時的場景，經常需要代表臺灣或是代表著大中華區的公關主管時，上臺報告或進行重要會論討論前，所出現忐忑不安緊張心情，似乎也和參與國際賽事的選手心理層面極為相似。

　　當我在努力背誦著開會所要講解的內容，看著手中的小抄，卻總是可以看到幾位從容不迫且充滿自信其他國家的公關或行銷主管暢所欲言，其中有一位非常熟識的亞太地區行銷長表現非常亮眼，不管是在做簡報或是對著客戶所作的主題演講（Keynote speech），非常的從容不迫、自信耀眼的表情都讓我留下深刻印象。

　　把握晚上參加全球的聯誼晚會（Gala Dinner）時向她請教，如何能做到如此專業有自信的表達？這位亞太區的行銷長YZ告訴我：「Christine你知道嗎？其實在你看來輕鬆表達自如的簡報或是主題演講，每場都是我演練了上百次的成果，特別在肢體動作的演練，手勢的位置及語調的高低，我講了上百次的結果。演講內容不在多，而在精。特別是在肢體語言的傳達，每個手勢的角度或上或下等等，都經過深思熟慮，因為那些是說服聽眾非常重要的關鍵！」

　　YZ的話至今仍深深烙印在我的腦海中，運動員能站上奧運殿堂上，綜合教練的說法，選手們在體能、技術上幾乎都已經達到世界等級，而真正比的是教練的戰術，以及選手的心理素質。在傳播的領域多年，許多時候有感於大家所受的新聞、公關專業訓練也是大同小異，真正戰勝競爭者的往往是策略（也是戰略）

的拿捏恰當，以及強大的心理素質，能夠臨危不亂，化危機為轉機，甚至籌畫出與眾不同的企畫及活動。而能搭配策略的，除了訊息的陳述、內容的巧妙，還有很多細節的表達，而肢體語言的訓練及自信心的傳達更是重要！

　　有些公關人員在平常或臺下簡報時相當優秀，但是面對大型展演、上千上萬的觀眾時，往往表現不如預期，檢討之餘可以發現雖然準備很充足，問題卻是出在自己的心魔、自信心不足的原因，這時不禁想到 YZ 說過，想要擁有強大的自信心及磁場，平時有效地鍛鍊肢體語言是預作準備極佳的方式。

 羅潔小叮嚀

了解開放式及高權力姿態，並且經常練習，將其內化為自己的一部分，成為自信心領導人的表現！

　　哈佛心理學家 Amy Cuddy 研究表示，想要提升自信與領導權威，可以從高權力姿勢開始，每天練習假裝有自信 2 分鐘，讓它內化成你的一部分，由外而內地變成一位有自信與領導權威的人。在 Amy Cuddy 研究中擺出「高權力姿態」（High-Power Poses），如坐著時把一隻手臂放在另一把椅子的椅背

上、雙手插腰站立、微微抬頭等，以及「低權力姿態」（Low-Power Poses），如抱胸、垂著頭、摸後頸等，以同樣的姿勢維持 2 分鐘。

結果，實驗證明「身體影響心理」，擺出高權力姿態者，有 86％願意進行接下來的一項冒險實驗，而低權力姿勢者只有 60％。「願意冒險」意味這些人此時較為勇敢、果斷以及能承擔較高風險。在職場公關操作上有許多挑戰的機會，訓練自己經常保持高權力姿勢，使之成為習慣，有助於表達上自信心的養成。

我個人非常喜歡研究肢體語言，除了經常訓練自己保持高權力姿態、強化磁場外，更喜歡從臉部表情、手勢及雙腳擺的姿勢，來研究講話對象的心態，由長達三十年，擔任 FBI 反情報部門的情報人員喬・納瓦羅（Joe Navarro）所出的暢銷書《FBI教你讀心術》，更是我相當喜歡的一本書，學習判讀肢體語言，才能在不經意處了解對方的心思。

喬・納瓦羅（Joe Navarro）先生所出的《FBI 讀心術速查手冊：看穿 407 種姿勢，秒懂別人身體說什麼？》更是一本觀察入微的書籍，拆解了人們各種類的「非言語行為」，細膩的說明每種姿勢不自覺的表達出的意義，可以做為察言觀色最好

的書籍。

　　和作者喬‧納瓦羅先生一樣，我年輕時很喜歡坐在路邊觀察及欣賞來往行人的一舉一動，並且揣摩著這些舉動背後所代表的意義。現在看來，在喬‧納瓦羅先生的書中所提，許多有自信的人所表現出的肢體言，往往是喜歡聆聽對方的說話，對方說話時會不自覺的雙眼看著對方，臉部的表情、下巴及嘴角的角度，更是自信者有戲的地方。

　　此外，有自信的講者講話時也會很自然的帶著一些手勢，以增加說話的力道，除了上述經常練習採取開放式高權力可以增加自信的姿勢，這些動作也好、姿勢也好，都需要經常練習，久而久之就可以在舉手投足之間施展出來。

　　在我眼中，黃豆芽就是擁有能夠自然展現出開放自信姿態的蔬菜。黃豆芽別看它小小的不起眼，其實是一種營養豐富、味道鮮美的蔬菜，含有豐富的植物蛋白質和維生素。根據營養學家的分析，每 100 克黃豆芽中，含蛋白質 11.5 克，脂肪 2 克，糖 7.1 克，粗纖維 1 克，鈣 68 毫克，維生素 B 約 20.11 毫克，煙酸 0.8 毫克，維生素 C 約 20 毫克。

　　由於婆婆對於挑選黃豆芽要求相當嚴格，「芽」的大小要適中，太大口感會太老，太小不夠脆，因此有些時候會自己在

家種植，培養出她所想要的大小。

　　婆婆在種植黃豆芽的過程，一方面是滿足她植栽的樂趣，例如如何控制溫度、濕度、水質、光線等等的搭配合宜，才能長出適合做菜大小的黃豆芽；一方面欣賞黃豆芽成長時時所呈現婀娜多姿的線條，有如人的體態更是一番樂趣。黃豆在發芽四到十二天時維生素 C 含量最高，如同時每天日光照射 2 小時，則含量還可增加一倍。

　　每天觀看黃豆芽生長變化的過程相當有趣，黃豆芽從小就會展現出它的生命力，仔細的觀察可以發現黃豆芽每個時期都有不同面貌，初期發芽時呈現出每株芽苗各自掙脫綠殼奔放向上爭長的樣貌，此時因各自奮發向上、呈現出扭轉左右、長短不一體態，好比新鮮人進入一個小型社會，每個初入社會職場者皆有其獨特的人格、思想、背景、家庭與職業，為了找尋在群體中的位置，積極努力展現自我，發光發熱，努力爭取上位加薪。

　　此外，這個時候的黃豆芽群體多數呈現出混亂樣貌，各自生長，但幾天過後彷彿經過一種彼此互相莫名的溝通，反而呈現出茁壯自然協調美感，有些呈現開放外擴，有些則是內捲傾斜，非常有趣。

　　其實在我看來，只要進入職場的一天，就應該盡早開始善

用肢體語言，及早找出能增加個人自信心的肢體語言，融入平日的表達中，使其習慣成自然。就連最基本的抬頭挺胸、邁大步行走，目視前方的行走，也是需要練習的。看到現在的年輕人習慣看著手機走路，一不小心可能就會撞到他們，連過個馬路仍然眼睛不離手機，也不管是否有車輛通過，實在是非常危險。

我個人認為，應盡量避免看著手機走路，因為這樣的習慣對於自信心的培養一點用處也沒有，抬頭挺胸、大步行走有助於說話的聲音傳達，胸腔打開容易發聲達到共鳴，說話有共鳴，並且語氣肯定，言之有物，採取開放式的姿態，別人自然不能等閒視之。

此外，平時除了構思說話的內容，也要思考如何訓練說話時帶入有感的手勢，強化說話的力道。觀看電視新聞及氣象就能有所了解，例如看到新進的氣象主播在播報氣象時，硬生生地加入手勢，很容易讓觀眾分心，這些手勢似乎與主播話語無法融合為一體，甚至有些多餘。

因此不妨平日在說話時多多練習搭配一些有力的手勢，最好是兩隻手都能運用上，將其融入自己的表達上，日後才能運用的行雲流水、自然生動。

韓國媳婦的貼身食譜：涼拌黃豆芽

一、食材：

1. 黃豆芽 300 克

2. 鹽適量、白胡椒粉適量

3. 砂糖適量、香油適量、白芝麻適量、辣椒粉適量

4. 開水 500CC

5. 蒜碎、薑末、蔥段

二、作法：

1. 黃豆芽洗乾淨。

2. 用開水煮黃豆芽，加入一點鹽，蓋鍋後中火煮到開。

3. 水開後約 1 分鐘關火。

4. 攪拌黃豆芽使其均勻熟透。

5. 加入冰塊冰鎮。

6. 將黃豆芽與白胡椒粉、砂糖、香油、白芝麻、辣椒粉、蒜碎、
   薑末、蔥段攪拌完成。

溝通小提示

學看優雅自如的黃豆芽姿態，習慣抬頭挺胸、邁大步行走，從日常生活中建立自信心，在溝通時保持開放式肢體語言。

第十四章

絕處逢生的人蔘雞湯

　　各行各業皆有其辛苦及競爭打拚的地方，不足以讓其他行業職人了解，能夠在某一領域有所成就，必有過人之處。

　　自己一直以來，身處充滿挑戰的傳播、新聞及公關行業近三十年，有幸能在其中觀察職場的種種場景，回想起來覺得是相當幸運的一件事。能夠支持我一路走來，並進一步觀察到這些傑出職人有兩項很重要的特質，便是「企圖心」與「不服輸」的能力。

　　當然每個職人在職場生涯皆有其獨特的人生啟發點，對我來說，小時候就特別嚮往到美國知名傳播學府念書，一直是我的志向，在學期間更是經常向出國留學過的學長、學姐請教。然而家中並不富裕，因此雖然有此夢想，但仍在大學畢業後選擇先行就業，賺取學費，等待經濟上有些基礎後再出國念書。

　　而在選擇學校的部分，也刻意選擇華人留學生較少、但是聲望高及傳統強的新聞學府念書，希望有更多時間能了解當地文化以及融入在地生活。在國外念書時，看到許多像我一樣充滿夢想的學子們，為了自我夢想而打拚，然而在過程中，有些留學生因為課業、有些因為家庭因素、有些因為身體疾病等等放棄學業，總覺得非常不捨及可惜。

　　本身學的是新聞及傳播相關，所念的美國密蘇里新聞學院

是美國歷史悠久擁有新聞傳播傳統的名校，由於我們是國際學生，英語非母語，因此我曾仔細想過，該如何在外國教授面前留下深刻印象，並且能夠順利畢業？

而我的策略則是展現強大企圖心，密蘇里新聞學院所重視的是理論與實務並重，通常一堂課前教授會給予學生五本以上的課外書籍，讓學生在上課前先行閱讀，在課堂上，教授反而是用問答方式上課，刺激學生們獨立思考能力，和教授在課堂上充分討論，這點和國內授課方式較不同。在教授看來，學生發表意見的能力，比課堂上所教的內容更為重要。

如何展現旺盛的「企圖心」？我認為就算念了多少本參考書，若在課堂中不發一語仍然等於零，教授更不知你在想什麼，所以在上課前我總是自我對話，強逼自己立下目標一定要在課堂中一定要當個勇敢的志願者（Volunteer）。當沒有特別的論述時，就盡量是那個第一個提出問題或是提出看法的人，這樣才能讓教授留下深刻的印象。

當第一個總比等到最後要好，當觀點都被大家提出，反而不知該說什麼了。此外就是要利用本身優勢並加以放大，讓教授看見，在國外念書的留學生，其實擁有別於在地學生的優勢，例如：臺灣的教育背景、新聞及傳播的工作經驗和不同文化觀

點，善用這些特質反而容易異軍突起，說出與眾不同的觀點。若能善用這些觀點，必能讓教授印象深刻，並且與他們建立良好的師徒之情，順利完成學業。

這讓我想到韓國的國寶之一人蔘，人蔘被稱為百草之王，是中外古今的名貴藥材，對於人蔘的研究更不在其數。人蔘作為中藥已有幾千年的歷史，早在《神農本草經》中，人蔘就被記載為草部上品。《神農本草經》在中國秦漢時期就對人蔘有其研究，而韓國人更將栽種人蔘的事業發揚光大，並針對人蔘培育與採收的不同，將這項醫材當成一項具有商業價值的產業鏈，相當有企圖心的走全球的通路銷售及經營，成為享譽國際的人蔘品牌。

 羅潔小叮嚀

拋開人蔘只是一種藥材，學習韓國人徹底研究剖析人蔘的心態，從產品研發到行銷國際，形成人蔘產業鏈，發揚光大！

若是有興趣的話，可以到韓國的藥令市場或京東市場，就可以發現韓國人對於高麗人蔘的熱愛，除了有人蔘、紅蔘的分

類，更有新鮮、曬乾，以及分成幾個月、三年、四年、六年、十年或是將人蔘做成切片、蔘鬚、蔘身等等。依照部位的不同來做販賣，或者也有高級浸泡蜂蜜的十年蔘、做成零食、糖果、果汁也好，超級多樣化的產品，很快地就與加拿大的西洋蔘、中國或香港的人蔘醫材做出區隔。除此之外，運用國際知名的韓星加以宣傳或是打形象廣告，更是韓國人在推廣人蔘「不服輸」的行銷表現。

利用人蔘來做韓式人蔘雞，更是韓國家庭在家中常見的一道溫暖料理。尤其是在秋冬寒冷的晚餐上，餐桌上若是煮好人蔘雞湯，家人一人上一碗熱騰騰的雞湯，整個胃都暖呼呼，家人們也會覺得超級幸福。過年時家中婆婆也會煮上這個雞湯，家人圍爐既溫暖又好吃！

煮人蔘雞時，總是會想起在外商公司擔任大中華地區的公關主管時，當時服務到香港一位地區的董事總經理 ZA，以及他的屬下 ZB，ZA 是一位非常嚴厲、對屬下要求嚴格的業務主管。

還記得有一次在香港辦公室，因為要舉辦記者發表會，有些重要的訊息需要在發表會前事前和他說明，當時已經和他的祕書約好了時間，我並且提早了 15 分鐘在他的辦公室外等候，沒想到他正在怒氣沖沖地狂罵當時一位業務協理 ZB，當時只聽

到辦公室中不時傳來 ZA 的怒罵聲，甚至還有摔東西的聲音，此時整個辦公室安靜到沒有人敢發出聲音，只聽到印表機列印報告的聲音。

ZA 的祕書告訴我，這樣的情況已經有好多次，大家也都習以為常了，而我整整等了他大概一個多小時，才獲准能夠進入辦公室，報告記者會剪報內容，及記者會的重點提示。

記者會結束後，我在辦公室巧遇到 ZB，打完招呼後我還是順口提了一下 ZA 的嚴厲，我知道很多其他主管都抱怨 ZA 的脾氣，覺得面上無光，沒想到 ZB 卻告訴我：「Christine 其實你並不能光看到事情的表面，只看到 ZA 教訓人的樣貌，事實上，能夠追隨 ZA，作為手把手的下屬，對我來說，卻是在從事業務工作這條路上，能學習到最多的主管。」

ZB 並告訴我，在他的內心是非常感謝 ZA 的，並且要努力追上 ZA 的腳步，期盼有一天能和 ZA 一樣傑出，我還真的非常意外地聽到 ZB 這樣告訴我。

多年之後，當我在公關公司任職總監時，ZB 成為我服務客戶的香港地區總經理，地區業績更是數一數二，真所謂苦盡甘來，讓我每次煮人蔘雞湯時總是會想起他。燉煮人蔘雞湯需要用慢火燉製，並且越燉煮其人蔘營養價值才越能夠燉煮出，ZB

的「不服輸」特質，從一個小小的地區業務，以蹲馬步的精神，如同慢火熬製的人蔘雞湯，雖有犯錯，但屢敗屢戰，不斷的磨練自己，虛心學習，即便挨罵仍當成吃補，有這樣的企圖心，更是能看清前方自我的目標，終將成為一個令人敬佩的領導者。

　　未來相信 ZB 更能以自身的經驗去領導他底下的部屬，更能服眾，帶領團隊，達成更好的業績。

韓國媳婦的貼身食譜：人蔘雞湯

一、食材：

1. 雞 1 隻

2. 紅棗 3 顆、栗子 3 顆、蒜仁 8 到 10 顆、青蔥 2 支

3. 韓國人蔘 1 支

4. 料理材料：白果 5 顆、黃耆 6-8 片、枸杞 15 顆、松子 15 顆

5. 糯米 80 克泡水 1 小時，洗米水 1200CC

6. 醬料：辣椒粉 15 克、醬油 10 克、蒜泥 15 克、薑泥 10 克、黑胡椒粉適量、砂糖 10 克、開水 10CC

二、作法：

1. 雞去頭去尾處理好。

2. 將紅棗、栗子、蒜仁、料理材料及糯米混合後塞入雞的身體後用牙籤封口。

3. 將雞、人蔘、青蔥與洗米水放入鍋中滾煮 40 分鐘即可。

4. 用剪刀將雞剪開後端盤可食用。

5. 將醬料材料攪拌後可沾用。

品牌小提示

有企圖心的人必然擁有不服輸的性格，領導者更是如此；如同慢火熬製的人蔘雞湯，久經時間及慢火淬鍊，才越能燉煮出人蔘營養價值！

第十五章

遇熱不亂的海鮮煎餅

韓式海鮮煎餅食譜若是在搜尋引擎上尋找可以找到上百種做法，若想吃道地的韓式料理，到餐廳點上一道韓式海鮮煎餅，每家口感更是大有不同，總是覺得少了一點什麼？可能是由於過於商業的做法，欠缺一些在地樸實的口感。

若是想要在家裡做韓式海鮮煎餅，下手若不夠精準，經常會做成餅皮太厚或太薄，或是蔬菜放得太多或太少，或是煎的火太大或不夠，因此想要做好一個道地、成功的韓式海鮮煎餅，往往讓家庭主婦感覺有著遙不可及、有著失敗率很高的印象。

其實，在家做出一道好吃的海鮮煎餅，還輪不到我下廚，婆婆及老公總是可以很從容地做出既道地又好吃的韓式海鮮煎餅，其餅皮、餡料、火候都恰到好處，端出廚房時，撲鼻的香味讓人讚歎，又不禁想大快朵頤一番。

海鮮煎餅在烹煮的過程中，必須從頭到尾小心翼翼，才能做出讓人口齒留香的海鮮煎餅，有時我常想，海鮮煎餅整個料理過程，其實好似公關業在處理危機時的情境，不管是在過程、手法還是策略拿捏上，都要非常小心謹慎，過與不及皆會影響到結果的不同，不可不慎。

2021 年播出由影帝黃曉明主演，故事主軸探討發生在「公關業」種種危機，一窺公關業鬥智日常《緊急公關》，相當受

到好評。

在臺灣「緊急公關」稱之為「危機處理」，這齣劇號稱以真實社會案件改編成危機公關範例而成，劇中主角林中碩（黃曉明飾）是一名在媒體業界叱吒風雲的資深記者，在某次報導空難造成家屬悲慟自殺後，男主角徹底銷聲匿跡、人間蒸發。

幾年後，他以「緊急公關專家」身分重出江湖，受聘於國內頂尖公關公司，因為以鬼才見長，專門解決客戶複雜難纏的危機公關案件。這樣以公關業為主題的精彩劇不多，而且是由影帝來飾演，更讓人想一窺劇情。

雖說為了戲劇效果，劇中加油添醋，增加了許多戲劇張力的劇情，在真實公關業中未必會發生，但貫穿全劇幾個重要的公關危機，包含「國際航空超賣機票趕旅客下機」，類似 2017 年發生的美國聯合航空 3411 號班機事件。第二個案例是「公司解聘患癌症的員工」，之前高雄也曾有爆出罹患惡性淋巴癌，必須住院開刀接受長時間化療，沒想到卻被雇主逼退，就是不讓她申請留職停薪。

第三個案例是「酒店性侵案件」，這種案件翻開社會新聞也有所聞，加上公關公司描述爾虞我詐、師生師徒、同門反目的複雜情境，又甚或是男主角林中碩周旋於律師美女及正義感

爆表的與自媒體女記者間的浪漫愛情等等，可看性十足，許多橋段也值得從事公關業的職人三思！

例如男主角在劇中提出的「公關如果只考慮客戶的利益，不考慮公眾利益，那還有什麼意義呢？」、「危機公關處理最好的方法，就是企業意識到自己的錯誤，並且勇於承認它。公眾對於這樣的品牌是寬容的。」（林中碩的臺詞）公關職人該如何拿捏？既要為客戶解決問題，處理好危機，畢竟是拿了預算辦事，希望能化危機為轉機等等。

而企業若是說謊或欲蓋彌彰，最後都無法真正解決問題，反而正視事實的真相，並在第一時間承認錯誤和改進，才能讓大眾或消費者信服，但往往彼此之間又都充滿著矛盾，處理起來著實不易！

不管國內或外商公司，若想要應徵公關主管的工作，其中在面談的部分，恐怕很重要的必考題，都是和危機處理息息相關的題目有關，特別是面試官經常會問的問題像是：「是否有處理過公關危機處理的經驗？」、「公關危機處理時須具備什麼樣的流程？」……等等。

羅潔小叮嚀

預防勝於治療,任何企業平時就需要有危機管理的能力,領導人最好有專業的公關訓練,才不會危機發生時手忙腳亂。

還記得在一次面試的談話中,國外的董事總經理 YA,就請我舉例所處理過的公關事件,YA 表示:「曾面臨過非常痛苦且難以忘懷的公關危機事件,當時主管們的意見相當多,加上並沒有專責的公關人員,而是由行銷人員代理,業務主管希望經由法律處理,行銷主管希望運用登廣告方式澄清。但是到底該用採用何種方式處理?對於必須做出正確的決定最高主管來說很是頭疼。」

危機處理完後,YA 積極向總部爭取,表示公司應有專責的公關人員,並且一定要擁有處理危機的能力。

回想起來,雖然現在因為網路的發達、社群媒體及自媒體的興起、部落客及網紅推波助瀾,然而不分產業類別,「危機處理的黃金二十四小時」,仍然是相當重要,雖然迫於網路的發達,許多企業認為,現今要求黃金處理的時間可能更短於二十四

小時，越快處理越好，但是處理細緻度及把握快速處理的流程及要點，仍是相同的。

一、釐清事實

首先，最重要的就是釐清事實。當危機事件爆發時，各大媒體上可能會充斥著各種負面報導，甚至不確實的報導，此時公關人員必須盡快查明真相。而事實的蒐集和確認，就是處理危機最重要的第一步，必要時公關人員更要盡快透過跨部門的溝通與查證，才能徹底釐清真相。

而這個時候更是公關人員展現十足溝通力的時刻。同時，事實的真相也是公司最能夠站得住腳的基礎，事實的真相就有如海鮮煎餅的食材一般，只要海鮮新鮮，那麼做出來的煎餅就一定美味好吃！

二、成立內部危機處理小組

於此同時，公關人員必須盡快成立內部危機處理小組，這裡面的成員通常包括法務、人資、公關及其他高階主管（業務、技術支援、客服等等），危機處理小組必須從不同角度及觀點去思考解決之道，並且做到沙盤推演的步驟，根據這些論點，

公關人員才可以擬定公司回應的聲明稿。

三、媒體監測

　　具有規模的公司，通常有長期配合的公關公司，當事件發生很重要的是，各種媒體報導的監測，不管是利用公關公司或是內部企業公關地監測體系，現在的媒體種類繁多，除了傳統媒體，還有網路、社群及自媒體，如何有效快速地監控相關訊息或新聞的露出，做成簡報分析。

　　在外商體系中，通常以 email Alert 以及像是 LINE、WhatsApp、WeChat 等不同通訊軟體群組的方式，每天早上發出，以便掌握更快速的時間，彙整報導給相關內部人員。

四、尋求外部客觀的支援

　　具有規模的公司，通常有長期配合的公關公司，公關公司一般都有專責危機處理的公關人員，也有在經驗上可以快速地將策略討論一番。在撰寫新聞稿的同時，有時必須找到公正的第三方單位，必要時可以尋求他們的幫忙及客觀的評估，作為媒體聲明稿的支持觀點。

五、準備及發布公司聲明新聞稿

當事實及內部溝通完成後，確定公司立場，並迅速評估利弊得失後，撰寫新聞稿，並得到最高管理階層的最後確認。確認發言人，由於現今媒體型態不同，發言人必須是適合媒體屬性的人物，若是會有電視媒體的採訪，務必將新聞稿及對外聲明，轉化口語化的聲明稿，公司的社群媒體也要一併討論是否需要刊登。

六、擬定發言人的 Q&A

務必作好沙盤推演及媒體記者可能問的問題，同時準備好回題的內容，事先先擬定回答的重點，利用訊息屋的概念，將 Q&A 做完整的提供，給發言人及相關人員。這個部分也可作為不同媒體提問時的依據，並定時更新，才能將最新情況告知給第一線的媒體。

七、針對不同對象用不同的語氣

發布對內、對合作夥伴及對外的新聞稿或聲明稿，針對其不同對象，需要用不同的語氣。像是對內，需要凝結員工的向

心力，以及責任歸屬及積極處理原則下，文字內容和針對合作夥伴，及對外媒體及大眾等皆有不同。這些重要的訊息，可在危機處理小組中討論後定案。

八、持續追蹤

持續追蹤並監測對媒體及大眾回應，危機處理必須因應現況調整。例如：若是某一家媒體對於聲明內容理解錯誤，或報導捕風追影、斷章取義的情況下，必須由負責專業公關專家去和媒體溝通，確保報導後聲明的正確性，有時也是有可能必須做進一步的回應。

九、危機案例的檢討改進

危機的發生通常因為時間的壓力，處理起來未必能盡善盡美。在一段時間後，若能重新檢視危機的處理，並客觀評估處理的過程，檢討改進才能真正防範於未然。平時也需要多練兵，也就是針對公關界所發生的危機案例仔細推敲分析，多多演練處理起來才能更加得心應手。

韓國媳婦的貼身食譜：海鮮煎餅

一、食材：

1. 海鮮：蝦（去殼、蝦腸用牙籤挑出）100 克、透抽（大隻的半隻）100 克

2. 高麗菜約 100 克切絲

3. 洋蔥半顆切絲、青蔥二根切段

4. 韓國煎餅粉或是中筋麵粉

5. 蛋 2 顆

6. 鹽適量、黑胡椒粉適量

7. 沾醬料：辣椒粉 15 克、醬油 50 克、蒜泥 15 克、黑胡椒粉適量、砂糖 10 克、開水 10CC、白芝麻 10 克、芝麻油 5 克、蔥花 10 克

二、作法：

1. 將韓國煎餅粉（或是中筋麵粉）加入水及雞蛋 2 顆攪拌成麵糊備用。

2. 將海鮮材料與高麗菜絲、洋蔥絲、青蔥段放入碗中，加入麵糊、鹽及黑胡椒粉攪拌。

3. 用平底鍋加入約 50CC 油，放入海鮮及麵糊，用小火煎熟翻面煎熟。

4. 將煎餅與沾醬一起搭配食用。

5. 將醬料材料攪拌後可沾用。

品牌小提示

危機處理有如製作海鮮煎餅的過程，必須從頭到尾小心翼翼，不管是在過程或手法、還是策略拿捏上都要非常小心謹慎，過與不及皆會影響到結果的不同。

Part3

長期融合不斷的溝通

第十六章
酸辣融合成美味的韓國泡菜鍋

由於婆婆過去是專業主廚，曾任職於韓國大使館餐廳主廚，擅長各式韓國泡菜、小菜及韓國傳統料理，為了讓婆婆的手藝不被埋沒，因此成立了一個「金奇韓國泡菜」品牌，專門製作韓國泡菜及韓國小菜。如此一來讓在臺灣的韓國親戚，以及熱愛韓式小菜的好友們，能夠有管道吃到來自韓國媽媽味道且道地的韓國小菜。

若是遇到品牌粉專裡的新朋友，我都會特別告知：「若是韓國泡菜放了一段時間變酸了，可千萬不要丟掉，因為那是韓國泡菜鍋最美味的鍋底。」也曾經有韓國餐廳打電話來，希望能向我們收購變酸的泡菜湯汁，因為知道我們用的是全天然的配料，加上選購的更是來自韓國的大白菜，並且精選大量的水梨、蘋果、栗子、蘿蔔、蔥、蒜等食材加入，使大白菜自然發酵成為泡菜，乳酸菌比一般泡菜來得更多，但最後我還是拒絕了。畢竟不知韓國餐廳若收購去，是否會加其他的配料進去，所以還是婉拒的好。

對我們來説，這些稍酸的泡菜湯汁，更是我們珍貴做美味料理的基石。最近看到新聞報導，韓國人還將「白泡菜」的泡菜汁做成方便食用的個人攜帶包裝，讓泡菜不只用吃的，現在還能用喝的。

　　泡菜汁的個人包，目前已經在韓國便利商店販售，更預計要銷往美國，讓在外遊子們可以喝到來自家鄉的泡菜汁解鄉愁，可謂行銷上的大創新。

羅潔小叮嚀

思鄉情愁也可成為行銷利器，將泡菜汁做成個人行動包裝，配角成為主角，在超商販賣，跳脫傳統框架行銷全世界！

　　秋冬時節，晚上煮上一鍋的泡菜鍋，肯定帶來家中滿滿的溫暖。運用帶酸的泡菜湯汁及泡菜，大約 300 至 500CC（要看人數及鍋的大小）作為鍋底，加入高湯或水 500CC，必備的配料包括豬火鍋片（或牛火鍋片）、豆腐、魚板。其他的配料比較因人而異，像是蝦、透抽，青菜類如茼蒿、青江菜，菇類像是金針菇或其他菇類皆可。若要重口味，則可以加入韓式味噌醬、洋蔥、蒜等讓湯頭與肉的味道更鮮美，燉煮一下即可食用。

　　每次吃泡菜火鍋的時候，有時我會不自覺精神上神遊到工作的場景，覺得火鍋中不可缺少的配料，像是肉類、泡菜、豆腐、青菜類，皆有其獨特香氣及味道，然而加總在一起，有了

泡菜的分解作為中介角色，中和之後的口感卻又恰如其分。

這種下嚥的口感，好似歷經一場精采的跨部門溝通感覺，過往在外商擔任公關主管的經驗，每一季都有許多機會必須和高階主管，例如董事總經理等級的主管溝通，若遇到要舉辦大型活動，前期更是需要開許許多多的跨部門會議，以確保各部門及各成員都能各司其職，發揮最大綜效。

之前在某外商時，在茶水間看到一位年輕的主管 XA 正在發呆，不禁與她聊上幾句，看得出來她相當煩惱，雖然她沒說很多，但提到某某部門怎麼都無法配合銷售部門等等的言詞，讓她很挫折之類的話語。

XA 說道：「不知為何，每次開跨部門會議所提出的工作上的需求，許多部門代表都有許多說詞，表現出不願意配合的態度。人多口雜，討論了半天最後似乎沒有結論與進度，很傷腦筋。又或是部門主管，有些職位比我高的主管，表面上答應卻是虛與蛇尾，無法有效執行，不知該如何是好。」

這樣跨部門會議即使開了許多，很多時候是溝通上的問題，也無法達到共識，讓人懷疑會議的效能。

有時與技術部門私下聊天，也常聽到技術部門工程師抱怨業務只管賣產品或服務，完全不管接下來的技術對接等等。這

樣的對話其實經常發生，特別是當有危機事件發生時，各部門爭相指責對方部門的對話，更是不勝枚舉。

自疫情爆發以來，許多需要跨部門溝通協調的部分，都藉由視訊會議來溝通完成，然而很多大型公司為了怕會議拖太長，甚至規定一個會議只能開 30 分鐘。在這樣的時間緊張壓力下，往往許多問題無法在短暫的跨部門視訊會議中解決，到底該如何運用溝通方式，有效地解決跨部門的問題？

 羅潔小叮嚀

跨部門會議乃平日溝通功力的成果展現，如何提前預訂好會議目標、目的、策略及多方層級的共力，假以時日，才能達到預期成效！

一、培養和各部門溝通的管道

首先，我個人覺得跨部門會議的溝通技巧，有如練功者平時上山練功，經年累月擁有一身好功夫後，真實對打展現實力的最佳時刻，而要想成功解決跨部門問題，反而是平時與各部門的溝通更加重要。首先在平日就應該培養和各部門溝通的管道，

並且了解各部門可以做決策的人，以及各部門各自的匯報層級
（Reporting line）。

　　當然若能進一步了解其部門的優先順序、決策模式、資源
分配，平日資料的蒐集就不可以少。如此一來在真正跨部門會
議時，才能判斷精準。

二、確認權責範圍、設定共同目標

　　很多時候當公司規模越龐大、組織越複雜時，像是很多跨
國企業，橫跨多個國家及區域，很多時候基層員工容易出現能混
就混、得過且過的心態，還有許多外商公司因為全球併購計畫，
收購了許多不同文化的公司，整併之後在跨部門會議中溝通上
所面臨到的挑戰就更大。

　　舉例來說：在科技業軟體公司興起併購硬體公司，或是硬
體公司去併購軟體公司，更容易發生這樣的情況。因為軟硬體
公司文化的差異，要比一般產業彼此之間所產生跨部門溝通的
鴻溝更大，因而往往無法達到專案推行的目標，或是要花上更
長的時間去溝通才能達到目的。

　　許多部門主管遇到重大事項時更不敢做決定，甚至將話語
決策權拉高到更高層，像是總經理等級，推說不能決定，讓許

多發起跨部門會議的主事者或負責人相當挫折。

　　舉例來説，若是一個專案是由負責品牌單位負責，事關品牌的推廣，但其他部門像是營業、生產、管理、財務等單位可能認為不是他們部門的工作，在工作的優先順序上一定是先完成該部門內部的工作，然後才會額外花時間協助品牌單位。

　　因此往往採取消極面對或不配合的態度面對品牌單位，此刻專案負責人需要重新檢視品牌推廣的目標、確認自己的權責，訂定好雙方可以互惠達到的時程和計畫表，表達出這是公司既定的政策及目標，請其他部門協助完成。

　　這也就考驗到承辦人平時對其他部門所下的功夫，例如遇到不能決定的部門代表人，如何找到部門層級高的主管做進一步的溝通，才能有效解決問題。

　　當所有一對一的溝通或是跨部門會議也開過好多次，專案進度仍然沒有改善時，找上級主管求援也是相當必要的。若不適時向上級單位求援，那麼責任可能就會歸屬在你這裡，不可不慎。

三、建立工作表單並尋求高層支援及溝通會議

　　每次的溝通會議不論是面對面的溝通，還是電話／視訊會議，都要建立起工作表單（包括開會目的、相關人員、時間、達成目標等內容），更重要的是建立起工作進度（action plan）及會議紀錄（meeting minutes）。如此一來，當開了數次會議後仍無法有進展時，可將會後文件整理清楚，並請上級主管從上層來作跨部門溝通。但承辦人必須瞭解主管未必像承辦人如此了解專案，一定要清楚將資訊條理分明的整理妥當，才能準確達到跨部門的有效溝通。

四、定期召開複審會議

　　在外商時不可少的，就是一週或雙週會議，這個好處是針對定期需要溝通的議題，可以在經過一段時間後重新審視其進度。跨部門會議更是需要如此。除了這樣的會議以外，在外商常用的一對一會議，更是進一步利用兩個人的會議，可以縮短太多人溝通而沒有效率的方式。兩者交相運用可以達到更多的溝通，提高效率。

　　一對一會議除了用固定和主管及部屬溝通外，也會事前和

不同的部門或團隊每成員進行一對一的會議，每次大約 30 分鐘。如此一來，可以簡列出會議大綱，有效而快速的達到溝通目的，同時也可以很快地找到跨部門時溝通上的盲點。

　　一對一的溝通除了拉近兩個人的工作默契外，也可明正言順拉近彼此的距離，讓你對於溝通對象有更進一步的認識。在這裡也建議大家可以聊些生活或興趣上的事情，畢竟人除了工作，還有許多層面可以擴展人際之間的關係，讓對方覺得有溫度的溝通方式，比只談些公事來得更為加分，久而久之所培養出的私交或好感度，或許以後可能會產生意想不到的效果。

五、溝通不要墨守成規

　　在現實職人生活中，由於大家來自不同的部門，專業分工所產生思想、認知差異皆有不同，更會因為所屬部門立場、資源分配等因素的問題，造成看法不同，因此若能真正合作著實不易，在溝通上應避免跳入既有的框架。

　　《孫子兵法》中曾提出「避實擊虛」是戰爭不變的規律，也是應變的基礎。所有的變都是要創造「避實擊虛」的條件而變，不是為了變而變。當溝通觸礁時，不妨想想是否有其他的溝通方式，或許私下喝杯咖啡，可以了解更多碰壁的原委，或

是時機原本就不當，可能需要暫且擱置一段時間……等等。跨部門溝通原本就是花時間的過程，也可當成職人的歷練。

　　我個人就覺得科技業看起來很大，但有時又覺得世界很小，許多過往在工作上所建立的私交，很多時候因為多一份關心別人，進而獲得更多友誼，從沒想過在未來的工作生涯中反而成為工作上的助力，卻往往是意想不到的加分的結果。

 韓國媳婦的貼身食譜：泡菜鍋

一、食材：

　1. 韓國泡菜 300-500 克

　2. 高湯或水 500CC

　3. 豬火鍋片（或牛火鍋片）1~2 盒

　4. 豆腐、魚板、草蝦、透抽（數量依照個人喜好）

　5. 青菜：茼蒿、青江菜適量

　6. 金針菇、豆腐 1 塊

　7. 洋蔥半顆切絲、青蔥 2 根切段

　8. 蛋 1 顆

---

9. 韓國味增醬 20 克

10. 沾醬料：辣椒粉 15 克、醬油 50 克、蒜泥 15 克、黑胡椒粉
    適量、砂糖 10 克、開水 10CC、白芝麻 10 克、芝麻油 5 克、
    蔥花 10 克

二、作法：

1. 將韓國泡菜放入鍋底，加入開水及韓國味噌醬。

2. 將所有食材加入鍋中。

3. 最後打一顆蛋放上鍋中。

4. 起鍋後食材可與沾醬一起搭配食用。

品牌小提示

韓國泡菜鍋找到酸、辣融合的完美比例而形成美味料
理，跨部門溝通時，平日就應該培養和各部門溝通的管
道，並且了解各部門可以做決策的人及各部門各自的匯
報層級，才能找到部門間雙贏的完美比例。

第十七章

發揮弱連結精神的韓國海帶湯

在我的職涯生活中，我待過幾個頗具知名度的商業大樓，包括臺北 101 大樓、新光摩天大樓、敦化圓環大樓……等等，服務的公司中，有幾家公司有好幾千或上萬名員工的規模。

在這樣組織較為複雜且部門龐大的企業，除了工作上所得到的成就感外，還有幾個職場上的附加樂趣，那就是可以盡情觀察不同部門、不同個性的職人，並且有更多機會將自己的人際關係擴展到其他的部門，進行不同的連結，也就是發揮弱連結的強大力量。

在大企業中，有許多經營者為了增強企業活力、促進生產力，而採用部門自負盈虧的做法，也正因此，各部門往往擔心被其他部門影響損害利益，久而久之許多組織容易形成孤立（Silo）的情況，並產生所謂的「穀倉效益」（Silo Effect）。

「穀倉效應」是由英國《金融時報》（Financial Times）編輯主任暨專欄作家吉蓮‧郜蒂（Gillian Tett）首先提出的理論。利用農場中的穀倉，譬喻部門結構、企業組織、國家政府等，像是一個一個小型的稻作倉庫，多數人只願安穩地在組織內專注地工作，卻可能因為某些偏誤，鮮少發現不同組織間的優點，甚至妥善溝通與協作。當組織進行合併或進行併購時，就會發現極難打破這樣的穀倉效益。

　　過往在幾間大企業任職時，印象所及好幾次在進行跨部門專案時，都會感受到不同部門主管的敵意，有時除了要靠自己的主動積極溝通、化解歧異外，更需要直屬主管進一步溝通，以避免掉不必要的誤會。因為各自部門都有其立場，當專案進行時，不但要考慮到預算的分配恰當、如何將資源平均分配更是重要。

　　此外，每個部門都希望上級單位或老闆能看到良好表現，年終時才能獲得好的考績及獎勵，當專案進行時，往往或多或少會影響到該部門原本排程上的事項，或在流程上很難排進配合，各部門間的明爭暗鬥，許多因素導致專案有時推行並不容易，雖然當時最後都能利用各種方式的溝通，橫向、縱向多方位的溝通，以及利用上個章節所提及的方法及有效策略，才能讓專案順利過關，但對於要打破穀倉效益的過程，還是印象很深刻的。

　　穀倉效益所產生獨立無援的窘境，正好可以用弱連結打破，穀倉之所以產生，正是因為裡面的職人大家都處有著相同的社交圈，也習慣於在同溫層中取暖，想法相同、訊息相似、傳播管道雷同，久而久之思想就有框架、受到局限而不自知，穀倉裡面的人若不善用弱連結的力量，很難突破這樣的困境。

羅潔小叮嚀

孤立無援、遭受其他部門打擊所形成的穀倉效益可以藉由弱連結打破僵局！

　　還記得之前在電視臺工作時，壓力相當大，這些壓力來自新聞工作本身，以及強連結中的主要成員：主管及同事。我當時就想出了個紓壓的方法，那就是在空餘時間離開壓力產生的來源，到新聞部以外的部門去晃晃、找人聊聊天。所以就常到節目部、廣告部、人事部門結交新朋友，沒有特定的對象，只要看起來似乎不排斥互動的職人，我都主動地和對方聊上幾句。

　　雖然有時只是點點頭打招呼，但總不忘記面帶微笑，盡量與遇到的人交談，並記住這個遇到的人的優點、特色、面貌及姓名。心中總是在想，若下次遇到這位職人，必定要說出與他（她）相關的事項，增加記憶點，如此一來，工作就變得有趣多了。餘暇時間只要有空，我就會往新聞部以外的地方跑跑，也紓解了我的工作壓力。

　　萬萬也沒想到，善用弱連結也能產生機緣，電視臺的關係企業當時正在招兵買馬成立籌備處，需要大量人才，並在尋找一

位懂得集團文化和了解媒體的公關人員，弱連結的新朋友，更將我推薦給新的關係企業，讓我意外的找到了具有挑戰性的公關工作，也正式開展了我的公關生涯，一直到今天。當時雖然不瞭解弱連結的理論及重要性，但卻是很慶幸找到正確的紓壓方式。

另外一件讓我印象深刻的弱連結，也發生在我的職涯生活中，因為弱連結在緊要關頭中發揮功能。

WA 是當時任職公司的老闆，當時因為承接了一個重要的專案，在一次內部會議中，WA 向公司負責專案團隊說道：「這次專案具有舉足輕重的角色，為了展現團隊在英文媒體上的公關操作實力，這次一定要邀到該領域最重要的英文媒體總編輯 VE。除此之外，專案記者會當日還需要邀請中、外媒體包括電視、廣播、報紙、網路媒體至少要有三十家媒體出席。」

會後團隊一位年資尚淺的職人 UA 很頭疼的樣子，我在洗手間遇到她，UA 表示：「這個產業是公司新的項目，之前公司並無任何這個產業的媒體名單，真的不知該如何著手，才能邀請到英文總編 VE 到場？」

我直接告訴她不用操心，由我來邀約 VE 這位貴賓。對我來說，剛好可以來實驗並應證弱連結這個理論。這個世代因為網路及社群的發達，與相比過去，想要經營弱連結可說是容易許

多，其實很早就有學者研究「六度分隔理論」（Six Degrees of Separation），認為世界上任何互不相識的兩人，只需要很少的中間人就能夠建立起聯繫。哈佛大學心理學教授斯坦利·米爾格拉姆，早在 1967 年就根據這個概念，做過一次連鎖信實驗，嘗試證明平均只需要六步，就可以聯繫任何兩個互不相識的人。

在現今社群網路發達後，我個人想或許只要用心想要與某人聯繫，即使兩位是素不相識的人，根本不需要六步就可以聯繫上，而 VE 就是我的實驗對象，從 LinkedIn、臉書或 Instagram 上，我很快就找到了這位貴賓，不用六步即順利找到 VE。但是更重要的關鍵是，如何寫出能讓 VE 感興趣的英文邀請函，當我敘述出此次活動乃是歷史性的突破，點出對其刊物不可或缺重要性後，總編輯 VE 果真出席了此次記者會，也就順利的完成這次邀約任務。

弱連結可以輕易地找到關鍵人，或是造就一次難得的工作機會，但職人若沒有深厚的學養、能力、知識，很難成功或是經營長久。

如何經營弱連結呢？不妨仔細的看一下在韓國人文化中占有非常舉足輕重角色的一道湯品——海帶湯。海帶湯煮好時，有如輻射線式的散開，海帶梗有如主幹線結點般支撐起又串連

在鍋中的景象，彷彿人際關係的強連結與弱連結錯綜複雜的脈動連結。

　　喜歡追韓劇的朋友一定不陌生的，就是每當在重要慶典時，特別是過生日時，一定要煮的就是海帶湯。對於韓國人來說，朝鮮半島多為山地丘陵，土壤貧瘠。過去韓國一般民眾生活較為辛苦，且不易接觸到豐富的物產，孕婦坐月子的時候，也只能買些海帶來補身子。海帶不僅價格便宜又能去汙血，還能緩解孕婦落齒和掉髮問題，是非常有利於產後恢復的，所以海帶湯慢慢的就變成了孕婦的傳統補品。

　　而為了紀念母親辛苦地生育自己，韓國人在生日當天也會喝海帶湯，並認為喝海帶湯會為新的一年帶來好運。此外，在韓國人的婚宴上和拜神祭祀時都會有海帶湯，因此「海帶湯」是韓國飲食文化中的重要食物之一。

　　婆婆每次在我或是我先生生日時，總是會打電話來說要煮海帶湯給我們吃，婆婆所煮的海帶湯喜歡加入牛腩以及明太魚，整個湯頭是鮮美到不行，海帶本身因為經過浸泡，之後經由加熱後，整個散煮開來很是好看，如同秋天的落葉開枝散葉般。散開到整個鍋中，又似乎整個連結起來，讓人看得入神。似乎說明了弱連結與強連結的關聯，這些弱連結看似乎又是貫穿了

整個人際網絡。

　　弱連結與強連結該如何分辨呢？其實「弱連結」指的是你頂多稍微認識的人，或許是曾經短暫共事過，也可能是透過朋友認識。這個概念是由史丹佛大學教授馬克‧格蘭諾維特（Mark Granovetter）所提出，他在 1973 年所發表的研究論文〈弱連結的力量〉（The Strength of Weak Ties）被廣為引用，論文中他更進一步提到這個概念在特定領域裡，比較沒有直接、明顯、穩定關係的人，相較於有強連結關係的人，找工作時，這些人其實是更好的資源。

　　父親是一位善於經營弱連結的高手，在母親過世後，大部分時間他是一個人在屏東生活，我則是每隔一、二個月會去探視他。由於他已經 88 歲，對於住家環境有其獨到見解，經過一段時間仔細評估南北環境後，選擇目前的住處，社區屬於銀髮族友善的環境，花草樹木林立、大大小小公園環繞、超商超市在附近、大型醫院、小型診所在旁，對於老人很方便，但是如何拓展他的生活圈，卻是靠著弱連結慢慢建立起來。

羅潔小叮嚀

經營弱連結沒有年齡上的差別,保持強烈的好奇心為第一步,突破同溫層、擺脫金錢考量、培養良好的時間管理及建立自己的資訊網。

一、保持強烈的好奇心

很多職人在職場久了,會漸漸失去年輕時的好奇心,許多職人朋友的關係也是建立在工作上,我個人則是覺得不論在工作或是生活上,都應隨時保持強烈的好奇心,對於任何可能接觸的人與事物,都要善待及延伸朋友的關係。

舉例來說,我去逛服飾店或鞋店,不管是否買到喜歡的衣服或鞋子,我都會觀察服飾店的小姐,若個性屬於正面、積極、好相處的,都會想進一步與她成為朋友,從這些朋友中我更能掌握自己身材的特色、穿搭的技巧、流行的趨勢等等外,其實更重要的則是朋友關係的延伸。

其中一位服飾店朋友成為好友之後,並介紹她花蓮的朋友給我認識,並提供了許多花蓮當地的景點、司機、旅遊資訊……

等等。父親也因為好奇心，與人交談時總是會多詢問許多的資訊，這樣不經意的資訊交流所取得的弱連結，帶來許多生活上的便利。

其次，父親也因為透過一位打掃阿姨的介紹，進而參加了一些正面、向善的團體，例如父親就選擇參加環保素食的非營利機構，每一到二週參加實體或線上所舉辦的心靈課程，拓展了他的生活領域。

二、積極參與不同領域的社團或社群團體

除了本業相關的社團外，更應該拓展職人興趣所及的讀書會、不同領域的社團，甚至到公益團體組織中擔任社工，不但讓生活更加有意義、充實及多采多姿，更可以擴大弱連結的範圍。社群發達的今日，不乏提升語言能力、健身、攝影、旅遊、行銷、投資、理財、心靈、藝文等相關社團。

弱連結不在乎認識人數的多寡，重點在於認識不同領域的人，並且能夠長期維持弱連結的關係。而此關係我個人認為不需要強化成為強連結的關係，畢竟強連結還是要花許多時間去維持。此種弱連結的關係，不定時的分享資訊及知識，即使不頻繁的來往，有時反而成為勝過別人出線機會的連結點。

三、開拓人脈，擺脫金錢利益的考量

很喜歡作家張曼娟對於曾經是好朋友、最後卻自然斷了往來成了陌生人的描述。張曼娟談到，這就像是花有盛放時，也有凋落日，都是很自然的。

而我個人認為弱連結的串聯與經營，千萬不能涉及到金錢或是等價交換，很多好朋友最後變成陌生人，雖然不見得都與金錢有關，但很多時候許多人已經習慣用金錢去衡量情誼的時候，在算計利弊得失後很難維持長久關係。通常能夠贏得長久人心的，反而是為別人著想或是隨時以同理心去理解別人的需求所造就而成的。

四、培養良好的時間管理法

過去年輕的我，常找藉口推說自己沒有時間運動，相信很多人都會這麼安慰自己，但隨著年齡的增長才發現，只要時間分配得宜，每天仍然可以找到時間運動，重點在於是否有心認真的安排自己的時間。

強、弱連結的時間管理也是相同，或許很多職人會認為，光是維持強連結的關係，像是同學、師長、同事、親人等關係，

已經占去相當多時間,哪有時間再去經營弱連結?關鍵點在於看似無意卻是有意的選擇弱連結對象,是對自己正面、積極且有鼓勵性質的人,寧缺勿濫,把對自己有益的人放入社交圈,但是範圍擴大、認真經營,任何與生活、健康、運動、工作、投資等有關的弱連結就會慢慢出現。

五、創造屬於自己的弱連結資訊網

現在通訊社交軟體的發達,像是運用 LINE、臉書、Messenger、LinkedIn 等功能,要與外面社交網取得聯繫,實在太容易了,首先必須了解自己想建立什麼樣的資訊網?再來是自己在資訊網中的定位為何?自己想扮演什麼樣的角色?如何發揮自己在資訊群組中的價值?

在群組中應當隨時隨地幫助他人,擁有樂於助人的心態,真心誠意地與別人交換資訊及心得,讓群組中能感受到自己的誠意,建立起屬於自己的資訊圈與群組,定期更新資訊並心靈交流,才能長久經營這樣弱連結的群組。

韓國媳婦的貼身食譜：海帶芽湯 _ _ _ _ _ _ _ _ _

一、食材：

1. 海帶芽 30 克

2. 牛腩肉 200 克

3. 蒜末 20 克

4. 清蔥切段適量

5. 芝麻油 30 克

6. 白芝麻 10 克

二、作法：

1. 海帶芽泡開水備用。

2. 鍋中放入芝麻油炒海帶芽，加入蒜末炒 1-2 分鐘。

3. 牛肉去血水，用熱開水燙過。

4. 將海帶芽及牛腩放入大鍋中，大火開後轉小火燉約 20 分鐘。

5. 加入青蔥段，淋上芝麻油及白芝麻，調味看是否夠鹹即可。

溝通小提示

海帶芽網狀散落湯中，宛若人際關係中的強弱連結，善用弱連結，突破同溫層、擺脫金錢考量、培養良好的時間管理才能建立自己的資訊網。

第十八章

人際溝通斷捨離的涼拌小黃瓜

　　夏天婆婆最愛做的韓式小菜，就是小黃瓜泡菜了，然而小黃瓜的味道不是人人都可以接受的。有的人喜歡生吃，覺得營養價值高，但有些人則討厭生吃，因為小黃瓜本身有一種苦澀感，其實這個苦味，經過營養學家的研究發現，小黃瓜本身因含有丙醇二酸，並且存在於小黃瓜的果皮上和果肉瓤裡，能與唾液融合產生發澀的口感。

　　丙醇二酸物質可以在一定程度上抑制糖類在體內轉化為脂肪，幫助減肥，也適合肥胖症人群食用，所以許多減重的愛美人士會常吃小黃瓜來達到控制體重的目的。但是也因為這個苦味，還是有很多人不能接受涼拌小黃瓜這道韓式小菜。

　　此外，小黃瓜皮裡面含單寧（或稱單寧酸）較多，而且皮顏色越深綠，所含的單寧物質可能更多。單寧也稱為鞣質，存在於很多植物和水果中，吃起來時會產生澀澀麻麻的感覺，口腔黏膜也會有褶皺感，就是單寧的關係。單寧在許多水果中也有許多，是一種水溶性多酚類，常見於草本和木本植物，像是蔬菜、高粱、水果及紅酒等，近期也有大量研究證實，單寧可抑制癌細胞的代謝、增生、侵入、轉移，並具有抗發炎的效果，是一種對抗癌的預防和治療的化合物，甚至有抑制新冠病毒活性的研究出現，頗讓人振奮。

　　小黃瓜中含有少量的苦味素，一般來說越靠近黃瓜尾部，苦味素越多。雖說苦味素可刺激消化液的分泌，產生大量消化酶，使人胃口大開，增加腸胃動力，幫助消化，但是很多人卻不喜歡口中所產生苦苦的口感。這種感覺就好像職人在職場中打滾了大半輩子，所遇到的朋友，有些人因為一場共同的戰役，成為一輩子的朋友，他（她）可能是像你一樣愛吃小黃瓜泡菜的同好，覺得氣味相投；但有些人雖然與你有過美好的回憶，但是卻是你遠離的對象，因為看透他的個性，而只想遠離。

　　人際關係中的朋友在經營過一段時間後，也如同你衣櫥裡五花八門的衣服般，一段時間後，這些關係也需要審視並採取斷捨離的整理。

羅潔小叮嚀

　　人際關係經營到一段時間也需要斷捨離的梳理，有若對於不喜歡小黃瓜泡菜特殊口感的人，也不必勉強成為同好！

　　還記得有次與一位年輕的職人 TA 吃飯，TA 原本是我的下屬，但是因為生涯規畫的緣故，我離開了這家公司，去到另外

一家很知名的公司，但之後我們也成了無話不説的好朋友。

　　過了一段時間後，我很關心她的工作情況，因此相約聊聊。TA 一見到我的面，除了相當開心以外，立即開始抱怨起她的新主管 TB。TA 説：「最近都快要悶死了！」

　　我：「發生了什麼事呢？」

　　TA：「來了這位新的主管，事情沒有交代少過，但是團隊只要做得好被記功的，功勞都被主管 TB 搶去；但若有過錯被責罰的時候，就是組員們要寫報告或被追究的對象，遇到如此爭功諉過的主管，不知道是否還要繼續待在這個公司？」

　　其實在職場不乏有這樣的主管案例出現，讓年輕的職人想要離職。我不禁想進一步了解她與她主管的問題，坦白説，這不是個容易回答的問題，特別在競爭如此複雜產業中，如果遇到支持自己的主管，當然如虎添翼，但是若遇到像 TB 這樣的主管，正她是考驗職人的最佳時刻。是離開還是續留，都有其利弊得失。

　　我反問 TA：「在這家公司你覺得還能學到什麼？留在這家公司是否對你未來的生涯規畫有幫助？可有未來發展的機會？是否符合目前短期、中、長期的目標呢？這位主管 TB 是否有值得你學習的地方呢？」

TA 停下來思考了許久，開始分析起自己未來五年的生涯規畫，再仔細公平地審視主管 TB 在面對其他部門主管開會時，其策略面、管理面皆有其獨到的見解，於是猶豫起來了，她也發現原來主管也不是好當的。

這番談話已經過了十多年了，目前 TA 也當上了該部門的主管，績效非常好，也很感謝當年我們的一番談話，讓他看清了問題的本質，選擇留在原來的部門而非離職。

類似的場景曾發生在我另外一個友人 TC 身上，TC 與她的主管不合，TC 則是選擇離開，到了一家不同產業的公司。TC 是個相當有企圖心、執行力、求勝力的業務職人，TC 離開之後，反而發現自己擁有更大的空間與抱負。

雖然原公司是個全球第一品牌的公司，也有許多資源和培訓，可以累積到許多資歷，薪資更是羨煞旁人，但是仔細考量後，她進入另外一個產業更加自在發展，反而斷捨離的決定是她所做的最好決定。

諸葛孔明先生曾在《出師表》中說：「近君子，遠小人。」古人也說：「近朱者赤，近墨者黑。」人際關係在很多時候必須梳理清楚，對自己無益處的關係該斷則斷，切勿再藕斷絲連。對我來說有下列幾類的人，若認清楚了就該進行斷捨離的步驟。

一、遠離在人背後説壞話的人

　　説八卦乃人之常情，要禁止辦公室的八卦，簡直是不可能的事，有時八卦是消息中心的來源，知道一下總是好的。但有些經常在背後説些尖酸刻薄八卦內容的人，即便被説到的是自己也不認識的人，但是有時説者太過，例如批評言語太過缺德或惡質的人身攻擊，若讓我聽到覺得不舒服的內容，我選擇不與這樣的人為伍。即便是表面上和你相當友好，但很難説以後不會在背後説你的壞話，更可怕的是，很多時候這些內容恐怕都不是真的。

二、遠離過於計較、占人便宜的人

　　古人説「親兄弟，明算帳。」是相當有智慧的一句話，無論是親朋好友，若牽涉到金錢的往來，我個人認為一定要帳目清楚，才不會導致誤會，即使產生誤會，也要盡快抓住第一時間充分溝通，才不會失去情誼。過去答應或承諾過的事情，若牽涉到金錢也一定要履行承諾，否則人人心中一本帳目，即便對方不説，心中肯定產生芥蒂，關係容易生變。但在中年以後，我則選擇遠離太過計較或占人便宜的人，雖然我是極容易健忘

的人，但遇到處處算計、斤斤計較、占盡便宜這樣的人，著實讓人不舒服，不如快快遠離，以免未來糾纏。

三、遠離傳遞負面能量的人

　　人生不如意十之八九，人活在世上，我相信不如意的事遠比遇到如意的事來得更多，有些人個性上原本就較負面，或是較為悲觀憂鬱，人的情緒上下起伏多所難免，但我個人較重視的是，若是「有心傳遞負面情緒的人，才更應該遠離」。《21天情感智力速成課程》的作者帕特里夏·湯普森（Patricia Thompson）博士曾說：「積極的人與悲觀的人在面臨著相同的挑戰，兩者的差異在於，積極樂觀的人，由於他們有一種潛在的信念，讓他們可以承受生活中的挑戰，因此相較於悲觀的人，他們的確能更快地克服。」

　　積極樂觀的人長期累積正面能量，擁有更多勇氣去面對挑戰和困境，樂觀會使身體更健康，在工作方面更加成功和擁有良好的人際關係。因此我選擇多和積極樂觀的人相處，有助於正面情緒的培養；反觀悲觀者若只是在他個人行事處事上，不影響別人無所謂，但對於傳遞負面情緒的人，則是避之唯恐不及。

四、遠離沒有中心思想的人

我個人過往有許多機會幫忙老闆面談應試人員，其中我認為很重要的一個要素是：一個職人是否擁有自己的「中心思想」。所謂的中心思想，一言以蔽之就是這個人是不是一個有價值判斷能力的人。

從面談中，其實就可以看出這個人適不適合這個產業？若是有中心思想的人，做事有定見，有自己的節奏，不會隨波逐流，有自己的想法，對工作未來有其想法。不只是找一份工作，或是只會做老闆交代的事，若沒有這樣中心思想的人，其實對我而言也就不想投資在他的身上，也就看不到他的未來成功之路。

五、遠離不懂感恩的人

在職場的這些年，只要有機會，我都希望能盡量照顧年輕人，像是擔任大學講師時，幫助同學寫推薦函，或是幫離職的年輕職人當推薦人，或是協助未來公司的人事查核作業（Reference Check）等等。這些對我來說可謂舉手之勞，但對於初入社會的年輕人來說，可能影響很大。

每個人也都有成長的時刻，過去本人若受到師長、朋友的

幫忙，必定會泉湧相報，到了自己成為管理階層後，也是竭盡所能幫助年輕人。個人是不求回報的，通常得到的回饋總是好的，但若是遇到不懂感恩的人，也盡量要斷捨離，因為這類的人通常喜歡站在獲利方，更是自私自利的人，不會為別人著想，這樣的人不如不交往，也免得傷心，浪費彼此的時間。

六、沒有團隊精神的人

團隊中最怕碰到女王性格的人，常常要別人把他捧在手掌心，完全沒有團隊精神。這類的人相處起來也非常累，他們沒有分享的概念，只要求別人分享給他們。這類人的重點也只有他們自己，往往搞錯團隊中的優先順序，當有業務往來時，通常需要加倍時間溝通，讓業務能順利進行，但私人情誼方面，則不需要花太多力氣發展。

 羅潔小叮嚀

遠離在人背後說壞話、過於計較、占人便宜的人；遠離傳遞負面能量的人、沒有中心思想的人、遠離不懂感恩的人、沒有團隊精神的人！

溝通小提示

　　人際關係經營到一段時間，也需要斷捨離的梳理，有若對於不喜歡小黃瓜泡菜特殊口感的人，也不必勉強成為同好。

韓國媳婦的貼身食譜：涼拌小黃瓜

一、食材：

　1. 小黃瓜 6 條

　2. 鹽 10 克

　3. 白蘿蔔 1 條

　4. 糯米粉 50 克

　5. 開水 100CC

　6. 韭菜切段約 2 公分

　7. 蒜 5 顆、薑 10 克

　8. 芝麻 10 克、辣椒絲適量

　9. 辣椒粉 50 克、魚露半杯（約 100 克）、蝦醬 100 克

二、作法：

1. 小黃瓜對半切，切完後每一段小黃瓜切成 1/4，尾處不切斷。

2. 小黃瓜加入細鹽醃二個小時。

3. 糯米粉加入水後用小火煮滾，不停地攪拌放涼，成為糯米糊。

4. 韭菜加入辣椒粉、蘿蔔絲、魚露、蝦醬、蒜、薑、芝麻、辣椒絲與糯米糊攪拌均勻成為配料。

5. 將配料夾入小黃瓜中間。

6. 擺三天後入味食用。

第十九章

處變不驚的石鍋拌飯

　　2021 年除了疫情的肆虐，還有好幾起在媒體上形象非常好的大咖藝人翻船，發生讓人看不下去的危機處理事件，讓人覺得藝人平時光鮮亮麗、費心打造的良好形象，也可能在一夕之間崩壞。可見得危機若沒有處理好的話，處心積慮用盡一輩子所建立起的王國，就這樣摧毀，實在可惜！

　　由於危機往往發生在意想不到的情況下，又面臨需要在極短時間處理的壓力下，特別因為是公眾人物，媒體此刻有如嗜血鯊魚一般，聞到血腥味群起圍捕追殺，當事人若沒有正確的心態、化解危機處理的優先順序、處理的方法等，稍有不慎形象皆可以墜落到谷底。

　　不禁讓人在想，危機處理的法則及觀念，似乎不論藝人也好，或是一般顧及形象的人也好，都該在平時接受這樣的公關訓練，真正遇到危機時，才不至於驚慌失措。

　　在前面章節中有提過企業的危機處理流程，個人的危機處理，雖然在觀念上大同小異，但在處理的技巧及速度上要求需要更加細緻。這些大咖藝人，不管是王力宏與李靚蕾、汪小菲與大 S、福原愛與江宏傑等等諸多藝人，平時擁有媒體關愛的公眾人物，遇到危機時卻忘了「水能載舟，亦能覆舟」的道理，媒體也可能徹底摧毀你。

　　根據財團法人臺灣網路資訊中心（Taiwan Network Information Center, TWNIC）在 2020 年調查中發現，臺灣社群網站的使用率高達八成，社群媒體的發達，加上「爆料公社」這一類型的社群媒體，造就了許多的網民與鄉民在網路上不加查證任意散播訊息。

　　涉入其中的當事者若不快速有效地處理，即時澄清事實，很容易就會陷入公關危機，成為事件的輸家，不但損及個人形象及名譽，多年所建立起來的事業體，也可能一夕之間崩壞。

　　韓國著名的「石鍋拌飯」，是非常具有代表性的傳統米飯料理，現在因應時代的不同，吃法也漸漸和以往傳統的吃法有所不同。但是論其由來，石鍋拌飯在韓國是很平民化的美食。古時候韓國社會中的家庭男尊女卑，媳婦的地位更卑微，吃飯有其先後，需等公公、婆婆、先生、小孩吃完飯後，才能將剩飯剩菜拌勻填飽肚子，這種吃法被稱為「媳婦飯」。

　　演變至今，石鍋拌飯看上去多種色彩，擺盤讓人垂涎三尺。韓國人深信「五行說」，認為金是白色、木是綠色、水是黑色、火是紅色、土是黃色，而人體的五臟對應著五行，認為肺對金、肝對木、腎對水、心對火、脾對土，若食材包含此五種顏色，就能滋養人體的五臟，才能達到食補的功效。

　　所以特別挑選紅蘿蔔、小黃瓜、蛋黃、魚蛋、海苔作為石鍋拌飯的食材，搭配成五種（紅、綠、黃、白、黑）養生又繽紛的色彩。現代版的石鍋拌飯，對於這五種顏色的搭配也就更多變化，會選擇放上炒過的豬肉或牛肉，料理過的黃豆芽、紅蘿蔔、小黃瓜、海苔，以及煎好的太陽蛋，撒上黑芝麻，最後淋上紅通通的韓國辣椒醬，色香味俱全，營養十足。食用時，把鍋內的食材拌勻，既豐富又香辣可口，讓人欲罷不能！

　　石鍋拌飯這樣簡單的韓國料理，卻是相當有溫度的一道家常菜，想像著韓國媳婦張羅著一大家族、人人肚子餓要吃飯時的臨危不亂，準備餐食、用心關懷家人營養，放入色香味的巧思在內，如同公關人員在處理危機時的心態一般，處處皆需要心思細膩。

　　還記得有一個下午與幾個姊妹淘吃下午茶的談話內容：

　　美女 SA 在外商工作也有一段時間了，姊妹淘們打開了話匣子之後開始問我：「可有聽說 B 公司爆發性騷擾事件？男性主管 SB 被女性下屬控訴性騷擾因而丟官，離開了多年經營的主管職務。」

　　我們幾位姊妹不禁說：「SB 不是有家庭、有太太也有小孩？有了這樣的負面事件，以後 SB 該如何找工作呢？」

另外一位姊妹則説到：「還記得同屬 B 公司另外一位性騷擾的男主角 SC？幾年前也發生過疑似性騷擾事件？最後卻是安然無恙，仍然好端端地在原職務上，不受任何影響，公司為何有雙重標準呢？」

兩件類似的個人危機事件，為何會有如此不同的結果？雖說性騷擾事件本身就不應該發生，在許多公司更有明文規定嚴格禁止的，但是仍聽到這樣的案例發生，不免唏噓。

在職場上不免犯錯，人非聖賢孰能無過？許多事業上優秀的職人，在犯錯後該如何自省？將危機化為轉機，繼續立足於企業中真是一大課題。

在企業中，職人們總希望能夠不斷精進，向上爬升成為公司的管理階層，在職能訓練、不斷鍛鍊下，自然也必須增強自己的影響力，成為企業的中堅份子、意見領袖。

然而並非所有的職人們在職場都能一帆風順，就算任用下屬或者同事相交，看人也有看錯的時候，或者錯估形勢，又甚至思慮不周犯錯的時候，皆有可能發生。在職場上當危機出現時該如何面對？在面對資訊傳播如此發達的今日，網路及社群有如病毒般的傳播速度，平時訓練危機管理的能力應是所有職人該有的準備。

我個人認為在職涯中遇到個人危機處理，必須要有的準備有以下幾點：

一、誠實的面對自己

平時應該培養誠實面對自我的習慣，曾子曰：「吾日三省吾身：為人謀而不忠乎？與朋友交而不信乎？傳不習乎？」我每天都要多次提醒自己，工作是否敬業？交友是否守信？知識是否用於實踐？這也養成我從年輕到現在，仍然會在每日上床前思考我今日的作為是否合宜，策略上的規畫是否正確，更重要的是提醒誠實面對自己。

反觀當危機發生時，藝人的回應是抨擊對方的不是，想要重重打擊對方，卻不是好好想想自己到底在哪裡犯錯？誠實地反省自己。之前所提到性騷擾的男主角 SB 及 SC，兩位有著不同處理危機的方式，關鍵就在於 SC 誠實認錯，並發了一封認錯電子信函給了全公司的員工，表達他的誠意，若像藝人般的硬拗、轉移焦點、不肯認錯，最終可能斷送自己的前途而不自知。

當危機發生時，應該要聚焦問題的核心，在道歉上盡可能的講重點，即便是現在道歉都在社群軟體上來進行，語句上更要真心誠意，並表達有心要解決，切莫避重就輕、模稜兩可。

羅潔小叮嚀

誠實面對自己，是危機處理的第一步，硬拗、轉移焦點、不肯認錯，皆非有效處理危機的方法！

二、冷靜地檢視即時回應

危機處理極為重要的「即時回應」雖然是不二法門，但是我們看到藝人們在第一時間卻找到第三者代為回應（解讀為不想面對），又或是忙亂回應（解讀回急就章、不誠懇），還是錯字連篇的社群媒體內容（解讀為無心、不肯負責），或是閃躲問題（解讀為傲慢自大）。雖說遇到自己的問題，難免焦躁不安，心情很難平靜，此刻不妨以最快速的方式找到專家（公關、法律等），與之請教，釐清自己的想法，針對錯誤誠懇道歉，千萬不要說謊、硬拗，才是止血的不二法門。

三、聲明稿需要符合社會觀感及價值觀

社群媒體的出現，其本質就是人人皆可發言，人人皆可抒發情緒，不用仰賴大眾媒體來傳聲，正因為此，傳遞出的訊息

也因散發出單方面的論述，更加容易引起同溫層的共鳴及圈粉。平民小百姓還好，越有影響力的人像是藝人、網紅或政治人物，當出現危機時，更容易引發大眾情緒上的反應，網路上的酸民、鄉民更將這些情緒放大、誇大，當危機發生時，把握大眾心理及普世價值面對問題去處理，才能平息大眾的情緒。

　　社群中難免會出現極端的酸民，或是想要蹭流量的網友，我個人認為不要浪費時間去得罪這些人，善用「隱藏」的功能，避免將不真實的資訊發酵擴大，不隨風起舞，將負面消息波瀾降至最低，才是明智之舉。

四、把握時間、定調回應

　　危機發生時，大家都期待第一時間的回應，把握黃金時間當然重要，不過必要的思考過程，想清楚卻是重中之重。當諮詢過專家、沙盤推演、利弊得失都考慮清楚後，統一回應，也就是所有的訊息是一致的，包括社群、email 等等，千萬不要將論點分次回答。傳出去之前最好給專家過目，畢竟旁觀者清，避免一個人思緒不夠周延的問題，在第三者過目後發布，才能更加謹慎。

五、持續關注、保持冷靜

還記得某男藝人發生疑似性醜聞、並被懷疑在婚姻關係期間，與某知名女星有不倫之情。當時娛樂記者每晚不停追臉書，正在猜測之時，哪知這位知名的女藝人自己跳進來攪和一番，焦急的對號入座，引發更多揣測。許多廠商為避免傷及信譽，紛紛下架這位女藝人的代言產品，損失可謂相當的大。

當當事人選擇一致性的訊息發布後，並非放任不管，而是觀察外界的回應，是否符合大眾的期待，所有的危機一定不免有好事份子在刻意的攪動這波危機，若不影響大局的論點則不須理會，總有人不喜歡你，保持冷靜是最佳法則。

六、從危機處理中學習難能可貴的經驗

前英國首相邱吉爾在二戰結束後曾經說：「千萬不要浪費了一場好的危機。」從危機處理中學習到難能可貴的經驗，更是加深認識自己的機會，成就更美好的自己。

華倫巴菲特曾說：「建立企業形象需要花費二十年時間，但毀掉它卻只要 5 分鐘的時間。」個人品牌也是如此，想要建立起屬於自己的個人品牌，是多麼不容易的事情，但要毀掉它卻

輕而易舉。當個人品牌遭受毀壞，需要花更加倍的時間去修復形象，並且持續溝通及做到符合社會觀感及價值觀的有效事件，去證明個人形象的復原！

羅潔小叮嚀

千萬不要浪費了一場好的危機！將危機處理的經驗納入未來的計畫及策略中，不要被一時的危機打敗，成就更美好的自己！

韓國媳婦的貼身食譜：石鍋拌飯

一、食材：

1. 白飯 2 碗

2. 豬（或牛）肉片 100 克

3. 蔬菜（黃豆芽、青江菜、胡蘿蔔、高麗菜等，可隨喜愛任意選用）切絲

4. 蛋 2 顆

5. 洋蔥末適量、蒜末適量、蔥花適量、芝麻油 5 克、白芝麻粒 5 克、辣椒醬 40-50 克，依照個人喜愛辣的程度自己斟酌

二、作法：

1. 將蛋打勻後，煎成薄片切絲。

2. 將蔬菜絲燙約 1 分鐘後起鍋。

3. 鍋內放入適量的油，蒜末炒香後放入青菜絲，加入芝麻油拌炒起鍋備用。

4. 炒醬製作：鍋內放油後加入洋蔥、蒜末、蔥花炒香後，加入芝麻油、白芝麻粒、辣椒醬拌炒均勻。

5. 石鍋加熱後，抹上一些芝麻油，將白飯放入。

6. 白飯上放上青菜絲、肉片及蛋絲，撒上芝麻。

7. 加熱後聽到石鍋發出滋滋聲，微冒煙及完成。

品牌小提示

稱為媳婦飯的石鍋拌飯是韓國料理中最有溫度的一道菜，有溫度的個人品牌是當危機產生時誠實面對自己，硬拗、轉移焦點、不肯認錯，皆非有效處理危機的方法。

第二十章

各顯神通公關力十足的部隊鍋

隨著網路、社群、社交媒體的發達，我們不得不擁抱全民皆媒體新時代的來臨。人人可都是自媒體，自己可以主宰著訊息的傳播，完全翻轉了過往依賴媒體的傳播模式。人人都有發言權，都想成為群組中的意見領袖，做個有想法、能夠影響他人的人，公關的力量在於能夠建立品牌，並運用品牌影響他人。

若不懂得公關的精神及運用，善用並發揮公關力，很難在職場上發光發亮，更難在遭遇危機時化危機為轉機，安然自處。職人應趁早在每個年齡層及早樹立品牌，從品牌的定位開始思考，規畫出屬於自己個人品牌的特色、個性、風格、目標、價值、願景等等，以五年為一個基準點，重新檢視品牌定位否需要修正。

還記得在某大企業端的時候，公關部門總需要籌畫公司的 Team Building 活動，也就是所謂的團隊合作團康，最常見的一項就是要做自我介紹，讓其他部門的人能夠快速地認識你。大部分的人都相當含蓄地介紹自己，也有人把它當成徵婚啟事的內容，很努力的宣傳自己。

某位男性技術顧問把介紹自己説詞為：身材高大、體重適中、個性好相處，單身等等，讓大家莞爾一笑。當時的我則希望讓大家能跳脱對公關人員的誤解，了解所謂「公關人員」到

底在做什麼,而不是只是代表公司出去應酬,辦辦公關活動或者以公司的名義接待外賓罷了。

當時許多人對公關人員有許多錯誤的認知,所以我特別邀請了曾經與我有業務往來的合作夥伴,像是業務、其他部門曾合作過的夥伴及行銷人員來介紹我(當然我有事先與他們溝通,也了解他們介紹我的內容,先套好了內容),由他們的口中來介紹我,這樣不用老王賣瓜、自賣自誇。藉由他人之口,將公關的正面價值及屬於我的個人印象說出,快速將公關及我個人的形象落入大家的腦海中,加深了大家的認知。

這個世代臉書及 IG 的盛行,不管是出外旅遊或是品嘗美食,手機要先看先吃,為的是要先打卡。店家更想盡辦法利用送個小贈品,讓消費者打卡或給予五顆星的評價,在網路上留下好的品牌評價及形象。職人們在職場上又何嘗不同,想被同儕或主管按個讚或留下星級評價呢?凡走過必留下痕跡,職涯很長,是個長期抗戰的過程,年輕職人也該趁早想想,如何一開始就塑造個人品牌,在每個工作職場中留下五顆星的評價。

每個人的職涯生活冷暖不同,在職涯中的成長也各有不同,遇到的主管個性也不盡相同,我所認識的專業經理人中,有的人一出道就備受矚目,成為閃亮的一顆星,快速飛黃騰達;但也有

從基層一步一腳印，從不同的職位歷練、苦幹實幹、大器晚成，最後破繭而出，成為優秀的經理人。

　　韓國的部隊鍋作法，起源於 1950 年代韓戰過後的議政府市，議政府市曾是美國陸軍多個駐韓基地的所在地，當時該處設置了許多駐韓美軍設施，以保護不遠的首爾。由於戰爭導致物資短缺，美軍基地內剩餘的香腸、罐裝火腿及午餐肉、起司等食材，被附近居民拿來搭配辣椒醬作底，煮成一鍋湯，以解決無肉之苦。

　　時至今日，部隊鍋在南韓成為一道具有特色且受大眾歡迎的料理，各家餐廳作法上也相當不同。但是重點在於鍋底會放入香腸、培根、罐裝火腿或其他的肉類，再加入年糕、魚板、泡麵、泡菜、洋蔥、青蔥，或是其他的青菜，一鍋煮熟最後撒入大量起司片，簡單又快速的可以提供一桌子人吃飽，因此稱為「部隊鍋」。只要有人多的聚會，就想點這道料理，而在醬汁的部分很簡單，只需要韓國辣醬、芝麻香油、醬油、蒜泥等搭配而成，在家也很容易製作。

　　部隊鍋的形成，可說是因應環境之需的產物，其配料至今除了少數幾樣相同外，其他搭配的菜色可因主廚不同，巧妙搭配，形成具有個人風格的部隊鍋。

個人品牌也是如此，不妨想一下，希望別人如何看待你？別人如何評價你？當有適合的職位時是否會想到你？可曾想過與你成為朋友、同事或合作夥伴？你想塑造什麼樣的個人品牌？

帥哥 RA，大學及研究所念的是電腦工程相關科系，研究所畢業之後，順理成章應徵上在知名 C 公司 IT 部門擔任技術支援的工作，RA 是個忠誠的員工，但工作了幾年，C 公司突然宣布合併了另外一家知名公司，進行合併及組織改造，結果 RA 因職務重疊而被迫離職。

RA 檢視自我發現，要在職場上生存確實有所不足，因此利用時間取得系統及軟體工程的證書後，應徵上 D 公司擔任軟體工程師的職務。由於有了上次被裁員的經驗，RA 更加善用時間及投資自己，考取幾張大數據分析的證照，經過不少年的歷練，成為銀行的商業分析員。

從內部數據分析開始，到負責中小企業數據分析，慢慢更擢升為負責跨國銀行重要大客戶的分析員。在同一家公司待了快二十年的磨練，大約 50 幾歲成為公司財務部的副總，專門負責公司財務策略分析，目前正為成為未來頂尖的總經理而努力。

在一次會談中我問他：「會不會覺得繞了許多冤枉路，才走到今天的位置？」

RA 告訴我：「感謝之前所遇到公司裁員危機，以及在不同的領域和位置的磨練，現在才能成為領導近百位員工的管理者，擁有不一樣的自己！」

雖然 RA 在職場上跌跌撞撞了幾年，年輕時遇到公司裁員也非壞事，及早瞭解自己的不足，找出自己的競爭力，早些思考個人品牌的重要性，及早找出個人定位，與別人的差異性，放大自己最擅長的本事開始，才有機會脫穎而出。也更加善用勇於向決策者學習的道理，利用機會多向管理者請益、溝通，讓個人品牌受到決策者的注意，留下深刻印象。

 羅潔小叮嚀

自我定位，從認識自己開始，並且誠實的每隔一段時間自我反省，才能真實的定位，職涯才能長久！

我個人認為，個人品牌需要隨時修正自我定位，但是很重要的是從認識自己開始，並且誠實的自我反省。回想起過往經歷從新聞工作轉到公關工作時，由於定位不同，但當我仔細檢視自己的個性發現，我更加適合公關的工作，我更擅長提出策略性的建言，及策畫具有創意的公關活動，與不同的高階經理

人互動，並且更喜愛人際溝通及發揮影響力。

在這裡建議當年輕職人每年做績效考核時，不妨也同時思考自己的個人品牌定位是否恰當，是否有需要調整的地方？不要只是領一份薪水，應該要跳出框架，誠實的面對自己，除了檢視自己工作上的表現外，更要看是否在這個領域能夠成長，並發揮所長。

因此我認為自我定位是每隔幾年就應該要稍微調整，許多斜槓的職人在修正定位的同時，才能更加看清楚那些斜槓值得保留，或者那些斜槓值得發展成為正職等等。

第二步，調整自我並發現競爭優勢：在前面章節中有提到，在定位的同時，要找到那個獨一無二的自己，利用 USP、SWOT 等工作分析等等，認真地給自己做個 360 度的分析，看看自己的優勢及劣勢在哪裡，好好放大自己的優勢。

但職人在職場中奮鬥幾年後，光是如此還不夠，也要想一下同樣優勢的必定很多，企業為何要用你這個品牌，而不是相同的其他人？你個人是否有不可替代的特質、只有你能勝任的本事？

還記得在取得 Z 外商的大中華區公關主管職務的過程中，必須經過六到七關的面試，相同優秀的候選人非常多，最後我

勝出的關鍵點，是來自幾位董事總經理給予「親和力強、值得信任的公關主管」的評價，這個就是競爭力的最大關鍵。

第三步，設定目標，勇往直前：在外商的職場訓練，讓我做任何事情都會先設定好目標，並且以任務作為導向。個人品牌的經營也是相同的，個人品牌的目標是什麼，要先想清楚，自己在職場的目標為何？也可以設定一個自己仰慕或羨慕的人作為達成的目標。

個人非常喜歡和年輕人聊天，最近認識一位優秀的女職人，畢業於國內一流的大學，她告訴我說，大學時曾設定三個目標，第一、取得雙學位；第二、取得獎學金；第三、賺到人生第一桶金（一百萬元）。

我笑笑問她，是否都達到目標？她說很可惜，最後一項只賺到七十萬元。我說已經超過五成，相當不錯啦！

她說大學四年最大的收穫，便是懂得「如何利用最少時間賺進最多金錢」，正是因為她的家境清寒，對她來說，賺錢是她脫貧的最佳方式。

我把這個例子與朋友分享，朋友說這個是少數個案，大部分貧苦人家缺少資源與管道，要能脫貧難上加難。大家或許看法不同，我卻覺得做任何項目，設定目標才是成功關鍵，有了目標

後，即使不能達到百分之百，但有了方向，達到八成卻是不難。個人品牌的目標也相同，可以分短、中、長期，每一年、三年、五年、十年、二十年，都應該隨時檢視其是否有達成個人品牌的目標，才不會失去方向。

第四步，選定管道，宣揚個人品牌：現在的年代和以往已經完全不同，既然思考到打造個人品牌，如同企業的品牌一樣，就應該思考如何讓別人認識你這個品牌。現在的職人們是幸福的，網路及社群如此發達，不管你用何種管道，只要在所有管道所呈現的自己，都要符合你的品牌。

有人心裡必定有所懷疑，認為 IG、臉書、YT 只是呈現私領域的自己，應該對工作沒有什麼關係吧？但事實上，在網路如此發達的現在，不管人資還是要面談你的人，都有可能上網去搜尋你，因為反而是私領域的，更容易呈現出你真實的個性。當候選人的專業能力、學經歷都差不多的時候，想僱用你的人更在乎的是相處的和諧度、是否是一個有團隊概念的人、是否是個充滿熱情及創意的人……等等，因此，當你要貼文、照片或影片時，不妨多一個心思去思考各種面相所呈現的個人品牌。

第五步，反應個人品牌的價值觀：有企圖心的職人，甚或可以思考選定一個管道，打造一個適合自己的個性，並宣揚自己

的理念的管道。例如喜歡寫文章的人，可以利用部落格作為管道，品牌有其核心價值，並將其擴大延伸成為影響力，落實成為獨特的形象及品牌。個人品牌亦是如此，許多喜歡照片及貼文的職人，若沒有那麼多時間，也可選擇 Meta、IG、LINE……等社群，LinkedIn 則是絕對不能輕忽的社群平臺，從照片的選擇、專業度是否足夠、內容是否能傳遞自己的理念等等，都必須精心打造屬於自己個人品牌特色的專屬天地。

之前與許多年輕職人在聊天時，很多人不知如何下手，那麼不妨想一下為何要寫自傳？大家都喜歡聽故事、看電影，屬於你自己的故事又是什麼？品牌故事通常是讓人印象最深刻的記憶點，那麼你想讓人記得的，又是什麼樣的故事內容？

第六步，維持個人品牌：所有的品牌都一樣，要維持它並不容易，許多稍有名氣的人，有時會因為一個小錯誤，可能是婚姻、男女關係、金錢糾紛……等，導致大家對他的觀感一旦改變，就很難再回復，所以要相當謹慎。任何有決定性的選擇，為避免出錯，最好還是詢問多一些專業人士的意見。

最好和長者多相處，從年輕時代我就喜歡和師長、長輩相處，因為他們的智慧及經驗是彌足珍貴。每個人都有盲點，隨時檢視自己、修正自己，才能維持更好的個人品牌。

羅潔小叮嚀

每個人都有屬於自己的故事，步步為營，維持個人品牌需要長期經營，切勿投機取巧！

自己做公關多年，相當慶幸以公關作為職業，因為我個人覺得生活中處處可見公關力的發揮，生活中與家人、親戚、朋友的相處，需要不斷的溝通而避免誤會產生，才能維持良好的關係。家中因為婆婆為韓國人，溝通上更需要跨越文化隔閡，多些換位思考；工作上更是如此，若能活用公關的技巧、策略思考，可以解決許多危機的產生，不管是向上、平行或向下管理，更需要隨時溝通。

對我來說，生活中另外一個重要的樂趣，就是品嚐美食。世界料理可能上千、上萬種，有些國家的料理偏好強調烹飪技巧及豪華裝飾的擺盤，像是法國、義大利等料理；有些國家料理則喜好酸辣口感，像是泰國料理；也有的儀式感十足像是日本料理，或是以辣味四溢取勝的韓國、印尼、中國四川、湖南等地料理。

能夠在國際上廣為流行的料理，除了具備特色、口味迷人

外，宣傳力道強勁更是受到歡迎的重要關鍵。在美食與飲食文化中，非常喜愛從認識一道料理開始，了解為何形成的歷史故事。依照著食譜採購食材，按著步驟動手體驗，看著繽紛色彩的外形搭配，入口細細品嘗手作美味，在這樣的過程中，體驗到用心製作的美食，與細膩巧思的溝通上有許多異曲同工之妙。

　　特別是近年來受到國際矚目的韓國料理，嚴格說起來，韓國料理在烹調上與其他世界各國料理相比，並不算特別難或是特別精緻，為何能夠在國際上竄出一席之地，重點在於品牌的定位、差異性、創造價值、多重管道的宣傳等等。

　　我平常與婆婆在廚房製作韓國料理並品嘗美食的同時，不禁思考，其實在日常生活中，不管是想要創造個人品牌的獨特性也好，或是受大家青睞的韓國料理一般，兩者皆有其獨特、引人興趣的品牌內涵，而每道料理熱呼呼的上桌的背後，都有難能可貴情感附著及符合人性的考量，才能讓人回味無窮。

品牌小提示

韓國部隊鍋，煮出來的口感皆有不同，如同每個人的品牌故事吸引人之處皆有不同，找到自我的品牌定位、創造價值、發揮影響力，創造屬於自己的記憶點。

韓國媳婦的貼身食譜：韓國部隊鍋

一、食材：

1. 美式肉罐頭 1 罐（或香腸）

2. 泡菜 100 克

3. 金針菇 50 克、青江菜 50 克，洋蔥 50 克、青蔥 2 根

4. 年糕 100 克、魚板 100 克、泡麵 1 包（只取麵）

5. 調味料：醬油 30 克、糖 10 克、韓國辣椒粉 10 克、韓國辣椒醬 10 克

6. 起司片 2 片

二、作法：

1. 火鍋中倒入 600CC 水與醬油 30 克、糖 10 克、韓國辣椒粉 10 克、韓國辣椒醬 20 克混合。

2. 接著放入肉罐頭（或香腸）、泡菜、金針菇、青江菜、洋蔥、年糕、魚板、泡麵、青蔥煮 5~10 分鐘。

3. 最後放上起司片即可完成。

韓食溝通術

公關達人羅潔用二十道經典韓國料理教你洞悉職場人際溝通課

作　　　者／羅潔
美 術 編 輯／孤獨船長工作室
責 任 編 輯／許典春
企畫選書人／賈俊國

總　編　輯／賈俊國
副 總 編 輯／蘇士尹
編　　　輯／高懿萩
行 銷 企 畫／張莉滎・蕭羽猜・黃欣

發　行　人／何飛鵬
法 律 顧 問／元禾法律事務所王子文律師
出　　　版／布克文化出版事業部
　　　　　　臺北市中山區民生東路二段 141 號 8 樓
　　　　　　電話：(02)2500-7008 傳真：(02)2502-7676
　　　　　　Email：sbooker.service@cite.com.tw
發　　　行／英屬蓋曼群島商家庭傳媒股份有限公司城邦分公司
　　　　　　臺北市中山區民生東路二段 141 號 2 樓
　　　　　　書虫客服服務專線：(02)2500-7718；2500-7719
　　　　　　24 小時傳真專線：(02)2500-1990；2500-1991
　　　　　　劃撥帳號：19863813；戶名：書虫股份有限公司
　　　　　　讀者服務信箱：service@readingclub.com.tw
香港發行所／城邦（香港）出版集團有限公司
　　　　　　香港灣仔駱克道 193 號東超商業中心 1 樓
　　　　　　電話：+852-2508-6231 傳真：+852-2578-9337
　　　　　　Email：hkcite@biznetvigator.com
馬新發行所／城邦（馬新）出版集團 Cité (M) Sdn.Bhd.
　　　　　　41，JalanRadinAnum，BandarBaruSriPetaling，
　　　　　　57000KualaLumpur，Malaysia
　　　　　　電話：+603-9057-8822 傳真：+603-9057-6622
　　　　　　Email：cite@cite.com.my
印　　　刷／卡樂彩色製版印刷有限公司
初　　　版／2022 年 11 月
定　　　價／300 元
Ｉ Ｓ Ｂ Ｎ／978-626-7126-85-1
　　　　　　9786267126868(EPUB)

城邦讀書花園　　布克文化
www.cite.com.tw　WWW.SBOOKER.COM.TW